水草生活家

徐志雄 /著

海峡出版发行集团 THE STRAITS PUBLISHING & DISTRIBUTING GROUP
福建科学技术出版社 FUJIAN SCIENCE & TECHNOLOGY PUBLISHING HOUSE

作者序

小学三年级时有人送我们家一个水族箱，我和弟弟特地跑到宜兰的水族店去买鱼回来养，为了让水族箱更好看，也顺便买了些水草。当时只是因为好玩而养鱼、养水草，我自己也不记得后来那些水草究竟下落如何。想不到，我居然在长大后，一头栽进水草世界，甚至成为水草的供应商。在决定栽种水草前，我其实只是为了养家赚钱，但在真正了解它们的特性、看到它们多变的风情后，我却不可自拔地爱上了美丽的水草。

我们家本来是经营鳗鱼养殖场的，在鳗鱼价格大好时我们也赚了很多钱，物质上一点都不匮乏。但后来宜兰所养殖的鳗鱼价格不如屏东低廉，在低价竞销下，宜兰的养殖业无法与别处竞争，慢慢地没落，许多养鳗人都改行了。在父亲的坚持下，我们家是最后一个把养殖场关起来的，但也因此背负了庞大的债务。为了还债，退伍后我当过娃娃车司机、铁厂工人，也养过大闸蟹、青蛙、香鱼、热带鱼。所有可能改变家里经济状况的工作，我都试过了，但是却没有一项成功，那时的我，真的不知道该何去何从。

后来，几个曾经在我们鳗鱼厂里实习的朋友，建议我可以利用原先养鳗鱼的环境试着栽种水草，因为他们在水族贸易公司上班，负责进口德国、丹麦、荷兰等地的水生植物，知道水草养殖在国外正蓬勃发展，因此认为国内的水草养殖是深具潜力的。抱着姑且一试的态度，我开始种起了水草。

对于那个年代的乡下人来说，水草是随处可见的杂草，一点用处也没有，不但不需要种，还得要想办法铲除，以免影响农作物生长。因此，在我刚开始种水草时，我周围的亲朋好友是非常怀疑的，觉得我是不务正业！再加上水草养殖对我来说是完全陌生的领域，因此，刚开始的这条路我走得一点也不轻松。

那时台湾没几本介绍水草的图书，因此我只能强迫自己去啃一本本厚厚的英文原文书。就这样，英文很一般的我，用非常吃力的步伐，一步步摸索，一点点地做，慢慢从尝试中学习，终于有机会走进了水草的美丽世界。

在我的水草事业刚起步时，我遇到了一个贵人，当时宜兰县立文化中心的林德福主任。在一次偶然的机会，我向林主任表示："我觉得文化中心的图书馆里面，有一个地方很适合摆放水族箱，我可不可以做一个送给文化中心？"林主任知道我们家经济状况其实不太好，就对我说："你不要用送的，这样好了，就由文化中心出钱跟你买，就麻烦你做三个水族箱送过来吧。"

为了感谢林主任的盛情，我花了很多心思设计这三个水族箱，而这些水族箱竟然发挥了意想不到的广告效果。因为文化中心人来人往，许多公务员和老师在看到漂亮的水族箱后非常心动，也想在家里摆一个设计感十足的水族箱，于是，在林主任的引荐下，我的生意就这样陆陆续续找上门了。

靠着口耳相传的口碑，我的水草经营事业渐入佳境，也在客户的怂恿下，开了一间水族店，这间店不但让我招揽到更多客户，也让我有机会接触许多器材供应商，进而拓展了水草市场的渠道。在我努力扩展水族店的市场时，后方水草的供应，是由我弟弟管理的水草场负责，而我的妹妹与太太则开始研究如何将水草放入料理中，做成美味的餐点。慢慢地，在我的影响下，其他的家族成员，都跟着我，一起爱上了水草，一起投入了水草世界。靠着所有家族成员对水草的热情和努力，我们竟然拿下了台湾约三分之一的水草市场。

水草，为我的事业带来转机，也为我的生命带来全新的体验。从栽培水草、观察水草的过程中，我深刻地体会到，人如果要成功，就必须像水草一样，懂得适应环境，能够随着环境改变，调整自己。水草是生命力很强、很能适应环境、很懂得调整自己的一种植物。水源丰富时，水草会尽情展现自己的优雅与美丽；而当水源枯竭时，水草会在最短的时间里改变自己的模样求生。不论环境怎样改变，水草都有它的应变方式，不但让自己在困难的环境中生存下来，也让自己的生命精彩万分！

水草改变了我的人生，让我学会勇敢地面对环境的变化。希望借着这本书的出版，能够让更多人了解水草，喜欢水草，最重要的是，也能够和我一样，在栽培水草、欣赏水草之余，找到面对生活的力量！

前 言

对很多人来说，水草就是养在水族箱里的草，所以如果家里没有水族箱，就不觉得水草和我们的生活是有关系的。但是，你知道吗？我们三餐所吃的稻米是水草，四神汤里面的芡实是水草，还有菜市场里常见的荸荠、茭白也是水草。现在，你还会认为你的生活和水草一点关系都没有吗？

我最早接触水草时，只有小学三年级，买水草的目的，只是为了让养鱼的鱼缸比较好看而已。后来才了解，水草看起来好像是很不起眼的配角，可是水族箱里少了它，不但少了美丽的背景，也缺乏可以进行光合作用的生态环境。

随着时代的改变，现在的水草可不是配角了，有越来越多的人喜欢在水族箱里种许多色彩丰富、形态不同的水草，让居家和办公空间充满绿意，而悠游其间的鱼儿，反而变成了配角。

许多人养水草，是因为风水师的建议。从风水的角度来看，在家里的财位放一个水草缸，加上流动的水，可以让运气更旺。不过，要提醒你的是，风水缸里一定得是活的生物，不论是水草或者是鱼、虾，如果在财位上死掉，那主人就算运气不受影响，心情想必也会很糟。

其实，鼓励大家养水草，不是因为它能改变风水，而是因为它能改变心情，疏解压力。曾有一些研究报告指出，现代人的工作压力，可以透过观看水族箱里的鱼儿、水草来纾解。

不管白天工作多么累，压力多么大，只要站在水族箱前，就会觉得心情开始放松。现在医生与公务员中也流行养水草，每当工作很忙、很累时，看一看水族箱中的水草，心情就会平静许多。有些儿科诊所或者牙科诊所会设置水族箱，借此减轻小朋友等候看诊时的焦虑感。

水草可以帮助舒压，而且不需要太多的空间，非常适合纳入现代都市人的生活中。如果要种一般的陆生植物，得要有土、有阳台，或者有庭院，可是水生植物只要有水族箱或盆器，就可以很容易地创造出自然、宁静、充满绿意的氛围。跟照顾宠物相比，水族箱是更单纯、更方便的，就算是出门旅行十天半个月，也不用担心照顾的问题，等于是最不麻烦人的宠物，是不是很适合忙碌的现代人呢？

水草可以观赏，可以舒压，可以造氧，如果这些好处对你来说都不够实际的话，那么，用水草来做成好吃好喝的料理，是不是会让你心动呢？其实，有很多的原生水草是非常好的料理材料，只是之前很少有人去发掘、推广，所以懂得利用的人不多。想知道怎么用水草入菜，做出好吃的猪脚、鸡汤、松饼或冰沙吗？

来！跟我一起，进入水草的美丽世界，一起做个懂生活、有品位的水草生活家吧！

CONTENTS 目 录

第1章 水草生活大师

长得跟“幸运草”很像的田字草，在水田边或者水沟都可以看到。田字草每一株都是四片叶子，所以每一株都是“幸运草”！

古人称田字草为“苹”，有四片叶子的“苹”，因为长得像个“田”字，所以俗称田字草。它是多年生的挺水性植物，根茎固定在水底的泥土里，叶片刚开始是浮在水上，最后会挺出水面，叶片白天会张开，到了晚上则会合起来，它也有水中叶，外形和水上叶一样。

据说在古时候，田字草的嫩芽嫩叶是用作祭鬼神与招待王公贵族的蔬菜，不过在台湾省还没听说有人把田字草拿来当蔬菜吃的。

第1章

水草生活大师

即使是新手上路，也能轻轻松松拥有满室的绿意盎然。水草生活家精选 33 种最受人们欢迎，并且容易栽种养护的水草，详列其特色、繁殖与养护方法，即使是初学者，也能在最短的时间内掌握栽种技巧，成为水草生活大师。

水草四大家族

一般人想到水草，大概只会想到长在水里头的水草。不过这本书里所介绍的水草是广义的水生植物，生长在池塘、沼泽、溪边、水沟等潮湿的地方，只要有水，它们就可以生长。

目前市面上对于水草有许多分类法，在这本书里，是依水草在成熟期的最终状态来分类，把水草分成挺水性、浮水性、沉水性与漂浮性等四大家族。

虽然水草可以用成熟期的最终状态来分成四大家族，但是，水草是适应力非常强的植物，常常会因为环境的改变，而有不同的姿态。举例来说，有些水草原本是挺水性的水草，但是经过人为培养后，它可以沉入水中生长，变成适合水族箱观赏用的植物，所以即使已经处于成熟期，它也可以同时兼具挺水和沉水形态。

挺水性水生植物

挺水性水生植物的根生在水底，叶片却伸出水面，离开水面，开花时也都在水面上，例如荷花、荸荠、白花紫苏草、大叶田香、水薄荷、鱼腥草、香蒲等都是挺水家族的成员。

浮水性水生植物

浮水性水生植物的根固定在水底，叶子则是飘浮在水面上，浮水家族成员中，睡莲、菱、芡、萍蓬草等是最明显的代表。

许多人会把睡莲与荷花搞混，其实分辨荷花与睡莲最简单的方法就是看它的叶子，睡莲的叶片是浮在水面上，而荷花的叶子则是挺出水面的。

浮水性水生植物也有水中叶，不过水中叶的叶片与水上叶不同，例如萍蓬草的水中叶翠绿透明呈波浪状，水上叶却是深绿色而且平贴在水面上，差异非常大。

漂浮性水生植物

漂浮性水生植物指的是漂浮于水面上的水草，这些水草会随着水流四处漂移，浮萍是最明显的代表，还有槐叶萍、满江红、大萍（水芙蓉）、布袋莲等都是漂浮性水草。这些水草繁殖的速度很快，会在短短的时间内布满水面。有的漂浮性水草在茎部还有气室，可以使它更容易漂浮在水面上，比如大萍（水芙蓉）、布袋莲就是很好的代表。

沉水性水生植物

沉水性水生植物的植物体一定要完全沉在水里，一旦脱离水面就会因为缺水而枯萎，金鱼藻、网草、水车前等都是这个家族的成员。所以，这些水生植物一定要在水族箱栽培，不能够用盆栽的方式种植。

入门级水草

如果你是种植水草的新手，一点也不用担心自己没有“绿手指”，也不需要担心没有水族箱，因为有很多水草，即使是用简单的容器也可以养得很漂亮，只要有充足的水分和光线，再参考书中的说明和建议，相信你一定很快就能上手，轻轻松松就让生活空间充满绿意。

槐叶苹

水草家族档案

俗名：蜈蚣萍

学名：*Salvinia natans*（L.）All.

科名：槐叶苹科 Salviniaceae

分类：漂浮性水生植物

可利用部位：整株

运用范围：肥料、观赏

分布：从中国东北到长江以南地区

特色

很多到水草场来的游客，看到我养在户外陶缸里面的槐叶萍时，都会很兴奋地大喊：“好可爱喔！”喜欢漂浮性水草的人，大部分会选择槐叶萍，因为它不只长得可爱，又很容易照顾。

槐叶萍的名称，是因为叶片的形状与陆生植物槐树的叶片很像，所以得名。槐叶萍的叶片上有很多细毛，所以只要有水珠在上面，就会闪闪发光，像钻石一样。

市面上可以买到的槐叶萍以国外引进的速生槐叶萍，又称人厌槐叶萍（学名：*Salvinia molesta* D. S. Mitchell），因为其闻起来有怪怪的味道，所以被称作“人厌”槐叶萍。

如果不喜欢人厌槐叶萍的气味，还可以选择另外一种从东南亚引进的僧帽叶槐叶萍（学名：*Salvinia cucullata* Roxb. ex Bory.），这种槐叶萍叶片的边缘会往上翻，看起来很像倒翻的僧帽。也有人觉得它长得像酒杯，所以也叫它“酒杯槐叶萍”。

栽培价值与运用方式

漂浮性的水草，很多都适合当肥料用，农夫们往往会在休耕的田里养一些槐叶萍，到了要耕作的时候，在重新整地时，把槐叶萍混入泥中，就变成天然的绿肥了。野生的槐叶萍，一般是生长在水田、池塘或静水溪河内，不过野生品种现在已经很难见到了。

耳叶萍

繁殖与照料

因为槐叶萍很容易繁殖，所以当叶片变黄或烂掉时，就可以把它摘除，很快就会再长出新的叶片来。很多人一听到槐叶萍很容易照顾，就会偷懒放任不管，这样槐叶萍可能会挤满整个容器，不但不赏心悦目，也会长得不健康，所以千万不要舍不得摘除多余的叶片。

阳光、空气、水是植物生长的三要素，虽然说槐叶萍很好养，可是要养得好看，需要充分的光线。有些人买了槐叶萍回家养，但叶片却愈养愈小，这其实是因为光线不够，叶片才会渐渐缩小。如果家里面没有庭院或者阳台，不能长时间养在户外，补救的方法就是要常常把它搬到外面晒晒太阳。

养槐叶萍的水，最好不要直接用自来水，最好是先在自来水里面放几片枯叶，再放上一两个星期，这样水里就有天然的有机肥，用这些水来养水草，叶片会长得更好看。

大萍

水草家族档案

俗名：水芙蓉、水莴苣

学名：*Pistia stratiotes* L.

科名：天南星科 Araceae

分类：漂浮性水生植物

可利用部位：整株

运用范围：观赏、猪饲料、废水处理、肥料

分布：从中国珠江流域到长江流域一带

特色

大萍的俗名是水芙蓉，因为大萍的叶片在盛开时，很像陆生植物的芙蓉一样美丽，所以被称为水芙蓉。大萍之所以能够漂浮在水面上，靠的是叶柄里的气室，气室增加了它在水面的浮力。一般人都认为大萍是一种不会开花的植物，其实属于天南星科的它与同科植物一样会开花，只是花的颜色与叶子太接近，花朵又小，所以很容易被忽略。

栽培价值与运用方式

早期在乡下，都会把大萍拿来当做猪的饲料。原生地在南非的大萍，听说也是河马爱吃的食物呢！外形美丽的大萍，不只适合当作观赏植物，也有环保的功能，因为它的耐污性强，可以吸收重金属元素，所以用它来处理废水非常适合。

繁殖与照料

大萍主要是用茎部来进行无性繁殖，很容易就可以繁殖成一大片。大萍的花苞里有十几颗的种子，等到果实在水里成熟后，果实的种皮会腐烂，种子就可以分散出去繁殖。因为大萍太容易繁殖了，如果长在河道上，很容易造成河道堵塞，影响生态，因此千万不要将大萍随便往水沟里倒，以免成为破坏生态的帮凶。

虽然入门植物很容易照顾，不过，大萍需要充分的日照与肥料，如果这两者不够，叶片就会变黄，这时候千万不要灰心，只要把它拿出去晒晒太阳，就有起死回生的机会。有人刚开始养大萍时会天天换水，其实，大萍不能经常换水，因为自来水的养分不足，最好的方法是参考养鱼的换水方式，每次只换一半的水。

如果担心自来水的养分不够，可以使用市面上贩卖的综合肥料（例如好康多缓释肥），这样，大萍就会长得又大又好看。

大萍（水芙蓉）的花苞

满江红

水草家族档案

俗名：羽叶满江红、台湾满江红

学名：*Azolla pinnata* R. Brown

科名：满江红科 Azollaceae

分类：漂浮性水生植物

可利用部位：全株

运用范围：观赏、驱蚊、天然氮肥

分布：中国长江以南各省区

特色

在水田、池塘、沼泽里很容易看到的满江红，属于漂浮性水生植物，主要生长在亚热带与热带地区，每到秋冬时节，气温变低时，满江红就会由绿转红，将整片水域变得红通通的，“满江红”的名字就是因此而来。也有人说，岳飞所写的“满江红”，就是因为看到这种水草，想起了家乡，有感而发所写成的。满江红的叶片看起来好像鱼鳞一样，重重叠叠的。不过，另外有一种被称为日本满江红的品种，它的叶片虽然也像羽毛一样，却不会重叠在一起。

栽培价值与运用方式

一般的植物都需要氮，满江红却可以生长在没有氮源的环境下，因为它的叶片里含有所谓的固氮蓝绿藻，只要把它埋在土壤里，就可以提供氮素，减少使用化学肥料中的氮肥。因此对于一般植物来说，满江红是很好的天然绿肥。在农田休耕期间常常可以看到整片水田的满江红，原因就是春耕时重新翻土，这些满江红可以当做天然的氮肥来用。

满江红晒干后燃烧，可以用来驱蚊，它在民间也被用来作为活血解毒、治疗跌打损伤的草药。

繁殖与照料

生长速度很快的满江红，属于无性繁殖的水生植物，所以不需要开花结果就可以进行繁殖。

每到秋冬温度降低的时候，满江红的叶绿素会被破坏，接着产生红色的花青素让叶片变红，就像枫叶在秋天转红一样，让人从其外观去感受到季节的变化。但是，影响满江红变色的因素不仅只有温度，营养和光线也会改变它的颜色。

虽然满江红很好养，但是，如果营养或光线不足的时候，叶片会很容易腐烂，这个时候，可以在水里加一些肥料，很快就可以改善腐烂的状况。

要注意的是，漂浮性的水草如果养在水族箱里，除了要注意光线是否充足外，也要注意控制它的繁殖速度，否则很容易会遮住养在水族箱底部水草的光线，影响它们的生长。

白花紫苏草

水草家族档案

俗名：三角叶

别名：拟紫苏草

学名：*Limnophila aromaticoides* Yang & Yen

科名：玄参科 Scrophulariaceae

分类：挺水性水生植物

可利用部位：全株

运用范围：料理、观赏、民间偏方治疗不孕症

国内分布：广东、福建、台湾、江西等

特色

白花紫苏草是一年生的挺水性水生植物，野生种通常都是沉在水中，是水族市场常见的水草。

种在盆栽里的白花紫苏草，花朵是白色的，叶子是对生的；种在水中时叶片会变成轮生叶，姿态更美。白花紫苏草主要生长在田边、塘边、沼泽处，叶子与叶柄闻起来有类似紫苏的味道。

栽培价值与运用方式

白花紫苏草整株都可以吃，可以做冰沙，也可以做沙拉。在民间偏方中，把它当成治疗不孕症的药草，能行气安胎；《得配本草》中记载它有疏肝、利肺、理气、解郁、止痛、安胎、清肺止咳、解毒消肿之效。在越南，它还是非常普遍的食材，越南人在煮酸辣汤时，通常都不会忘了它。

繁殖与照料

白花紫苏草属于一年生的植物，冬天开花结果之后，会自然死亡，但是种子可以保留下来，隔年春天再种到土里，马上就可以长出新芽来。

除了用种子繁殖外，白花紫苏草也可以用扦插法来繁殖，只要将枝叶直接插在土里就可以活。如果把它当做厨房的料理材料，也可以常常摘取使用，因为它的叶片很容易再生，不用担心“缺货”。

白花紫苏草如果种在盆器中，需要比较湿软的泥土，也需要全日照的环境，因此，比较适合摆放的地点是户外庭院，或者有充分光源的阳台。

白花紫苏草是挺水性水生植物，但是种在水族箱里，还是很漂亮的。但要注意的是，水族箱里必须有栽培土，才能用扦插法繁殖。因为白花紫苏草不喜欢低温，所以水族箱里一定要有加温器，另外，还要注意二氧化碳的含量，并给予充分的光源。

白花紫苏草水中叶

白花紫苏草水上叶

大叶田香草

水草家族档案

俗名：田香草、水茴香、糕仔料草

学名：*Limonophila rugosa*（Roth）Merr.

科名：玄参科 Scrophulariaceae

分类：挺水性水生植物

可利用部位：叶、茎

运用范围：防蚊、料理、观赏

分布：中国华中、华南各省及台湾省

特色

大叶田香草是多年生的挺水性水生植物，水沟边、池塘和休耕水田边常常可以见到。在台湾俗称糕仔料草的大叶田香草，在早期是做糕点的材料，它的茎和叶都可以食用，香气与八角很像，非常适合调味。

栽培价值与运用方式

在以前的农业社会，家里养的牛如果因为犁田太劳累而导致胃口不好，农民都会采大叶田香草的叶子给牛吃，大约吃上一个星期之后，牛的食欲就会变好，非常神奇。另外，大叶田香草也可以防止蚊虫叮咬，大叶田香草的叶子的汁液是天然的防蚊液，抹在皮肤上，可以让小黑蚊离你远远的。其叶子也可用在外治上，像毒虫或蜈蚣咬伤，或是湿疹、脓疱疮等，只要新鲜的叶子捣烂后外敷在患处即可。

繁殖与照料

冬季会开花结果的大叶田香草，可以用种子来繁殖，也可以用扦插方式繁殖。

虽然大叶田香草繁殖很容易，但它在冬天不易存活，因此，建议你将种子保留起来，等到来年的春天或夏天再用种子来进行繁殖。

大叶田香草是多年生的植物，冬天气温太低的时候，很容易死掉，家里如果有水族箱，可以把它们移植到水族箱里面加温，就能够平安过冬了。

大叶田香草盆栽

大叶田香草的花

水薄荷

水草家族档案

俗名：薄荷草

学名：*Lindemia* sp.

科名：玄参科 Scrophulariaceae

分类：挺水性水生植物，亦可沉水

可利用部位：叶、茎

运用范围：观赏、料理、中药

分布：中国华北、华东、中南及西南各地

水薄荷的水中叶

水薄荷的水上叶

特色

水薄荷生于水边、沟边潮湿处，可栽培。它的叶片比一般陆生薄荷小，叶片长卵形至椭圆状披针形，是多年生的挺水性水生植物，但也可以完全沉水。若是种成盆栽，全年都会开花。花期8~10月，果期9~11月。

栽培价值与运用方式

水薄荷有薄荷的香气，具有清火解毒、杀虫止痒的功效，可以将它作为调和燥热的食补药材，比如冬令进补时，可以加一点在羊肉煲内；另外，也可以做成薄荷饮料或点心，味道非常好！

繁殖与照料

水薄荷只要用扦插法就可以繁殖，所以如果将其当成料理的食材，可以常常采收，叶片反而会长得比较好。

种植水薄荷的季节，以夏、秋两季较适合。因为它只需要半日照的环境，所以很适合种在阳台或者窗户边。

如果用盆栽方式种水薄荷，要选择软、烂的泥巴或土壤，也要供给足够的水分。土壤的水分越多，叶片就会越青翠，叶形也会比较大。

如果是种在水族箱里，最好将它摆在中景或背景的位置，因为它的个子比较高，大约是 30 厘米高，如果摆在太前面，很容易挡到其他比较矮小的水草。

香蒲

水草家族档案

俗名：水蜡烛、蒲草

学名：*Typha orientalis* Presl

科名：香蒲科 Typhaceae

分类：挺水性水生植物

可利用部位：叶片内的嫩笋、叶、花序、花粉、果实上的冠毛

运用范围：观赏、料理、防蚊、编织材料、插花材、药材、枕头的填充物

分布：中国黑龙江、吉林、河北、山西、河南、江苏、浙江、广东、云南、台湾等省区均有栽培

特色

生长在湖泊、池塘、沟渠、沼泽及河流缓流带等湿地的香蒲，因为它的花序排列形状像蜡烛，所以俗称水蜡烛。它叶片挺拔，花序粗壮，是常见的插花材料。花爆开之后，会飘出像蒲公英一样的种子。花果期 5~8 月。

栽培价值与运用方式

香蒲的雄花花粉称为“蒲黄”，是常见的中药材，有利尿、止血的功能。成熟的香蒲点火之后可以驱蚊，还可以当成火把来使用，一棵香蒲燃烧的时间可以持续 30 分钟左右。

香蒲果实上的冠毛“蒲绒”，常被拿来当做枕头的填充物；香蒲的叶子不但可以做成造纸的原料，也可以用来编织，所谓的“蒲团”就是用灯芯草与香蒲叶编织而成的。

香蒲的地下茎可以炒菜、煮汤或泡醋来吃；香蒲叶撕开后，里面的嫩茎称为“蒲笋”，也是料理的好材料。

在乡间有很多的野生香蒲可以采集，6~9 月开花，将花采集后可以干燥当做插花材料；如果想用蒲叶来编织，也要将其干燥处理后才能使用。但是，想要吃好吃的蒲笋，就要挑选嫩叶了。

繁殖与照料

香蒲是多年生水生植物，每逢 6~9 月会开花，花序爆开后，把像蒲公英一样的种子直接播洒在湿土上就可以繁殖了。分株繁殖则于 4~6 月进行，将香蒲地下的根状茎挖出，用利刀截成每丛带有 6~7 个芽的新株，分别定植即可。香蒲需要全日照的环境，最好是种在全天可以晒到太阳的院子里，不过要记得它是水生植物，所以土壤的湿度一定要够。

蒲黄

蒲绒

鱼腥草

水草家族档案

别名：蕺菜

俗名：臭瘥草、狗心草

学名：*Houttuynia cordata* Thunb.

科名：三白草科 Saururaceae

分类：挺水性水生植物

可利用部位：叶、根、茎

运用范围：美容、药材、料理

分布：中国四川、云南、贵州、湖北、浙江、福建等省

特色

繁殖力旺盛的鱼腥草是多年生草本植物，高 15~50 厘米。叶片卷折皱缩，呈心形；穗状花序顶生，黄棕色。因为它的茎、叶在揉搓后会有一股浓浓的鱼腥味，所以有这样的名称。花期 5~8 月，果期 7~10 月。

栽培价值与运用方式

鱼腥草气味不好闻，却是用途广泛的药草。生的鱼腥草汁液对湿疹、青春痘以及化脓症有疗效，所以也有人用鱼腥草汁来制作化妆水或洗面皂。干燥的鱼腥草则有利尿、抗菌、止血、提高机体免疫力的功效，它还可以改善呼吸道发炎的症状，所以在“非典”期间，一度变成抢手的药草。

采收与保存

长江中下游地区每年 2 月底至 3 月初栽植，定植 3 个月后即可分批采收。采收鱼腥草，最好选择夏天，因为那时候鱼腥草长得比较快。采集时只要选择露出地面的部分就好，如果叶片有很多泥土，或者不确定是不是有受到农药污染，最好用水冲洗干净。如果确定采集的鱼腥草是干净的，可以直接放在太阳下晒干。

干燥过的鱼腥草可以用报纸包起来，挂在通风良好的地方保存，最好不要放到塑胶袋里，以免受潮产生霉菌。

野外的鱼腥草

鱼腥草盆栽

鱼腥草的水中叶

繁殖与照料

鱼腥草喜欢有良好光照的环境，但也较耐阴；喜欢潮湿而肥沃的土壤，耐涝。因为它是入药的植物，建议最好用有机肥代替化学肥料。

尖瓣花

水草家族档案

别名：水金凰、楔状果草

学名：*Sphenoclea zeylanica* Gaertn.

科名：尖瓣花科或密穗桔梗科 Sphenocleaceae

分类：挺水性水生植物

可利用部位：茎

运用范围：观赏、料理

分布：中国台湾、广东、广西、云南等省区

尖瓣花的花和果实

野外的尖瓣花

特色

尖瓣花是挺水性水生植物，高20~60厘米。平常在休耕的田里就可以看到，秋天是盛产期。它的外表很像空心菜，茎也是空心的。喜生于稻田及田边、沟边，喜光照、耐荫蔽。花果期6~8月。

栽培价值与运用方式

很多人都不知道尖瓣花可以吃，把它当成杂草拔掉。其实，它吃起来的口感与空心菜很像，料理的方式只要比照空心菜就不会错了。台风季节如果缺少新鲜蔬菜，可以用尖瓣花代替，不论是炒牛肉或者汆烫都很不错。不过尖瓣花的叶片吃起来苦苦的，可以吃的部分只有茎，所以料理时，千万不要把叶子也一起炒，否则会很苦。在料理前，可以先把茎汆烫过，这样会更好吃。

采收与保存

尖瓣花至少要长到20~30厘米高才可以采收，采收之后最好立刻食用，如果无法马上食用，可以先用报纸包起来放进冰箱冷藏。

繁殖与照料

尖瓣花只要摘取茎直接扦插到湿润的土里就可以成活。或者，也可以在尖瓣花开花，种子成熟蒴果盖裂之后，采集果实内的种子，直接播洒在湿土里即可。种子较细小，仅能在浅层萌发。

台湾萍蓬草

水草家族档案

俗名：萍蓬草、水莲花、白兰地酒瓶

学名：*Nuphar shimadai* Hayata

科名：睡莲科 Nymphaeaceae

分类：浮水性水生植物

可利用部位：根、茎、果实

运用范围：观赏、药用、学术研究

分布：中国台湾省

特色

台湾萍蓬草是多年生的浮叶植物，全年都会开黄色的花，花朵有圆形的花梗，可以说是台湾最漂亮的水草。著名的台湾歌谣《孤恋花》中，也有它的倩影，“风微微，风微微，孤单闷闷在池边，水莲花满满是，静静等待露水滴。”歌词中的水莲花就是台湾萍蓬草。

台湾萍蓬草的果实像酒壶，所以也有人称它“白兰地酒瓶”。它的水上叶与水中叶截然不同，水上叶呈心形，平贴水面，水中叶则是翠绿的波浪状。

台湾萍蓬草性喜在温暖、湿润、阳光充足的环境中生长，适宜生长于深30~60 厘米的水中。

栽培价值与运用方式

台湾萍蓬草是台湾特有种植物，野生的几乎已经濒临绝种，只有在桃园龙潭、观音还可以找到，可说是国宝级的植物。

台湾萍蓬草的根、茎和果实可以作为药材，对于脾胃衰弱、消化不良和女性生理期不顺都有疗效。

因为实在是太稀有了，目前大多是作为观赏用，偶尔有人会将它当做药材使用。

台湾萍蓬草的花

台湾萍蓬草的水中叶

繁殖与照料

想要种台湾萍蓬草，可以到花市购买，直接移植就可以，土壤选择有机腐殖土，先修掉叶子，保留主茎再移植，这样就可以长得很好。不过要注意，台湾萍蓬草除了要有充足的水分外，还需要全日照的环境，因此，一定要种在户外。

香菇草

水草家族档案

俗名：铜钱草、金钱莲、水金钱

学名：*Hydrocotyle verticillata*

科名：伞形科 Umbelliferae

分类：挺水性水生植物，亦可沉水

运用范围：观赏

分布：原产于欧洲，中国引种栽培，现湖南、四川、云南、台湾有产

香菇草的水中叶

特色

香菇草为多年生挺水或湿生观赏植物，它的水中叶与水上叶叶形相同，因为形状像铜钱，所以又名铜钱草。香菇草若以盆栽种植会开花，但是它的花很小，并不起眼。若是种在水族箱内，高度只有 5~15 厘米，所以一般都放在前面作为前景植物。

栽培价值与运用方式

由于香菇草的叶片像铜钱，有招财的意味，所以很多人把它拿来送礼，非常讨喜，在花市或水族店都可以买到。

香菇草是庭院水景造景的好材料，或用于室内水体绿化，或作为水族箱前景栽培植物。

繁殖与照料

香菇草在光线少的时候，会长得比较高，叶片也会比较大；而在光线强的环境，反而会比较矮小。这是因为香菇草属于阴性植物，所以种植的环境不需要很强的日照，很适合摆放在像浴室这种光线比较少的地方。除了不喜欢光线外，香菇草也喜欢低温的环境，所以夏天时，一定要放在阴凉的地方，否则就会长得不好。

要特别注意的是，香菇草是多年生的植物，而且非常强势，随意被丢弃的一株香菇草，在短期内就可以淹没一整片土地，所以千万不要随便丢弃这种植物，以免破坏自然界的生态。

莼菜

水草家族档案

俗名：马蹄菜、湖菜

学名：*Brasenia schreberi* Gmel.

科名：莼菜科 Cabombaceae

分类：浮水性水生植物

可利用部位：嫩芽

运用范围：观赏、料理、美容

分布：中国浙江、江苏、湖北等省

野外的莼菜

特色

莼菜是多年生的浮叶植物，和荇菜很相似，不过荇菜的叶片比较圆，莼菜的叶片则是椭圆形，很容易分辨。莼菜的叶片深绿色，嫩茎和叶背部都有胶状透明物质。

莼菜生于池塘湖沼，在水质清洁、土壤肥沃、水深 20~60 厘米的水域中生长良好。

栽培价值与运用方式

莼菜的叶片富含胶质，非常适合入菜，食用部分就是沉没在水中尚未展开的新叶。西湖莼菜汤就是用莼菜的嫩叶来料理的。日本料理也常用到莼菜，为了长久保存，还会用醋来浸泡。

莼菜的嫩叶有丰富的胶原蛋白，可以保湿，所以也被当成天然的护肤用品。

端午节前后可以采集嫩叶来吃，在卷叶基本长足，但尚未散开时连同叶和嫩梢一齐采摘。

繁殖与照料

莼菜最好用分株的方法来繁殖，将土中的匍匐根茎剪成每段 2~3 节的植株后，再分盆种植就可以了。种植的时间最好在夏天，而且种莼菜的水，最好不要常常换。土壤最好选择酸性腐植土（pH 6.5 左右的腐殖土，在花市可以买到现成的）。冬天时，莼菜的叶子会烂掉，只剩地下茎，到了春天，又会再长出叶子来。

田字草

水草家族档案

别名：苹、四叶草

学名：*Marsilea minuta* L.

科名：苹科 Marsileaceae

分类：挺水性水生植物

可利用部位：幼芽、嫩茎叶

运用范围：料理、观赏

分布：中国长江以南各省区

田字草的浮水形态

特色

田字草，古人称为“苹”，是挺水性蕨类植物，根茎横生固定在水底的泥土，叶片刚开始是浮在水上，最后会挺出水面。它也有水中叶，不过外形和水上叶一样。

因有四片叶子的“苹”，长得像个“田”字，所以称田字草。很多人会把它与酢浆草搞混，不过酢浆草的每片叶片都有个凹洞，田字草没有。而且酢浆草绝大部分是三片叶子，田字草则有四片叶片。

田字草生于静水浅水沟、池塘或稻田中，喜光、喜水湿、喜弱酸性水。

栽培价值与运用方式

古人在春天的时候会采田字草的幼芽蒸来吃，听说是很名贵的菜，也用来祭祀。现在的田字草，多当成观赏用。也可以作为野菜食用，即采用嫩茎叶洗净，炒食或做汤。

古人虽有食用田字草的记载，而且还用来祭祀，可是目前台湾没有人把它拿来当食物，所以并没有采收。

繁殖与照料

田字草栽培方式与白花紫苏草一样，不过土要多，水也要比较深，这样才会长得比较漂亮。因喜欢弱酸性水，适当添加二氧化碳，可以呈现出绿毯一般的景观。当田字草作为前景草时，需要在弱光下养殖，才能凸显出前景草的特点，此时它的叶柄会因追光而拉长。

进阶级水草

接下来要介绍的水草，之所以列入进阶级，主要的原因是要照顾这些水草，你所需要的器材和配备会比较多一点。这些水草，都具有美丽的沉水叶形态，因此，非常适合种在水族箱里头。如果你有水族箱和水族箱的基本配备，像是灯光、过滤器等，不妨试着和这些水草交交朋友，你一定会喜欢的！

小对叶

水草家族档案

俗名：过长沙、白猪母草、假马齿苋、百克爬草

学名：*Bacopa monnieri*（L.）Wettst.

科名：玄参科 Scrophulariaceae

分类：挺水性水生植物，亦可沉水

运用范围：观赏

分布：热带与亚热带地区

小对叶的水中叶

过长沙的水上叶

特色

小对叶是多年生的挺水性植物，在水上与水中都可生存。在台湾省沿海湿地可以看到它的野生种。因为其叶片是对生叶，所以水族界叫它“小对叶”。

小对叶喜欢沙质土壤，耐旱性佳，而且茎可以蔓延整片沙地，所以得到“过长沙”的俗名。

小对叶全年都会开花，花朵的颜色是白色或淡紫色，有 5 枚花瓣。

栽培价值与运用方式

在营造人工湿地或者做生态池的时候，小对叶是很好的植被植物，可以用来防止其他较强势的水草过度蔓延。用于水族箱观赏时，作为中景及后景水草。

繁殖与照料

小对叶在水族箱里面不需要强光，也不用打二氧化碳，所以很好照顾，只要温度维持在 26℃左右就可以。要注意的是，小对叶的生长速度快，一定要经常修剪。

在造景方面，因为小对叶的植株比较高，所以在水族箱内最好当成中景或后景来运用，最好可以种成丛状，会比较好看。鉴于小对叶生长速度较快，会出现形态不佳的情况，应及时修剪，并减少光照，从而使它的观赏效果更好。

小对叶种成盆栽也很好看，它在春天会开粉紫色的小花，即使在冬天也能够长得很好。

虎耳

水草家族档案

俗名：海洋之星

学名：*Bacopa caroliniana* pink

科名：玄参科 Scrophulariaceae

分类：挺水性水生植物，亦可沉水

运用范围：观赏

分布：原产于北美洲南部

特色

虎耳是从北美洲南部进口的，因为叶片很像老虎的耳朵，所以得名。它在水族界有三个品种，包括虎耳、迷你虎耳与黄纹小虎耳。虎耳属有茎类水草，小巧可爱，姿态优雅。它的水上叶是暗绿色，水中叶的颜色则偏黄。茎的质地比较软，茎条伸长后会向四周蔓生。花型小，呈青紫色。

虎耳的水中叶

栽培价值与运用方式

虎耳在水族箱中作为中景及后景草。虎耳的盆栽在冬天会落叶，但是在春、夏、秋三季则会开青紫色的小花，叶片有柠檬味。园艺业者给了它一个很美丽的名字——海洋之星，与电影《泰坦尼克号》里的蓝宝石项链同名。可能是因为名字的关系，它变成非常抢手的盆栽礼物。

繁殖与照料

虎耳如果种在水族箱中，只要注意给予足够的光线，就可以长得很好。

如果是盆栽，最好是摆放在户外，或者光线充足的阳台。除此之外，还要注意水分，一定要让土壤非常湿润，只要水分够，就不会有大问题。

虎耳在肥沃的土壤中，叶片会变长、变大，可以直接用剪刀把过长的叶片修剪掉，这样叶子会长得更美，还有可能在水中开花。剪下来的枝叶可以直接扦插，继续繁殖。土壤养分不够的时候，虎耳的叶子会变小，只要再加点肥料就可以改善。

异叶水簑衣

水草家族档案

俗名：水罗兰

学名：*Hygrophila difformis*（Linn. f.）Blume

科名：爵床科 Acanthaceae

分类：挺水性水生植物，亦可沉水

运用范围：观赏

分布：原产于东南亚，现中国国内有引种栽培

特色

异叶水簑衣又称水罗兰，是多年生挺水或沉水性植物，是一种广为人知的水草，高 10~35 厘米。异叶水簑衣虽然是原产于东南亚的植物，不过因为已经归化为台湾植物，所以在南投埔里、宜兰冬山与基隆瑞芳都可以见到野生种。它的水上叶呈椭圆形，绿色；水下叶叶片呈分裂状，青紫色。若种成盆栽，秋、冬时会开紫色的花。

野生的异叶水簑衣生于水边浅水区，植株丛生，簇丛密致、齐整。

异叶水簑衣的水中叶

异叶水簑衣的水上叶

栽培价值与运用方式

异叶水簑衣纯粹是观赏性的植物，不过因为它可以反映水质的好坏，所以可以把它跟其他水草一起种，只要它的叶片开始起变化，就可以知道是不是需要增加养分，或者要过滤水质了。

繁殖与照料

异叶水簑衣生长的速度很快，是水族箱新手最容易照顾的一种水草。不过要注意给予充足的养分，如果缺乏养分，它的叶片就会变白。一旦叶片转白，就表示水族箱里的养分不足，应该赶快用水草专用的肥料来增加养分。

异叶水簑衣不需要强光，如果种成盆栽，可以放在较阴暗的室内，但是如果叶片有软烂的现象，就要拿出去晒一晒太阳，应该可以马上恢复健康状态。

大红叶

水草家族档案

俗名：大红叶草

学名：*Ludwigia perennis*

科名：柳叶菜科 Onagraceae

分类：挺水性水生植物，亦可沉水

运用范围：观赏

分布：亚洲南部、澳洲

大红叶的水中叶

大红叶的水上叶

特色

大红叶的茎是红色的，水上叶是带红的暗绿色，水中叶则是耀眼的紫红色，外形也比水上叶小，而且质硬，看起来相当美丽。因其整株均为红色，和一般绿色水草相比较为明显，所以深受造景爱好者的喜爱，常作为中景及后景水草。

栽培价值与运用方式

大红叶的水中叶是漂亮的紫红色，因此很适合种在水族箱中，常用来搭配其他的绿色水草。

大红叶在水中呈直立生长，可长20厘米高的茎，适宜栽于中、后景区域。

繁殖与照料

要将大红叶从水上叶变成水中叶，需要注意生长的环境，因为红色水草除了需要充足的光照外，还需要大量的二氧化碳才能进行光合作用，如果忽略了这些环节，很容易落叶死掉。这时，只要利用扦插法就可以再繁殖。初植时，配合二氧化碳及肥料添加，约一周后，便开始生根发芽生长，原来的部分水上叶亦能渐渐地水中化。

大红叶是一年生植物，如果种在盆栽里，春天会生出许多暗红色的新叶，夏天时，它的茎容易木质化，变成褐色，到了冬天，叶片则会枯黄、死掉。如果想要继续繁殖，可以在它开花后留下种子，再将它种在湿土内即可。

水蕨

水草家族档案

俗名：龙须菜、龙牙草、水羊齿、小水芹

学名：*Ceratopteris thalictroides*（L.）Brongn.

科名：水蕨科 Parkeriaceae

分类：挺水性水生植物，亦可沉水

可利用部位：羽状叶和幼嫩叶柄

运用范围：料理、观赏、药用

分布：中国广东、台湾、福建、浙江、山东、安徽、四川、广西、云南等省区

特色

水蕨同时兼具沉水与挺水两种形态，广布于世界热带及亚热带地区，在台湾省兰阳平原的水田里很常见。

水蕨的植株高可达 70 厘米，叶簇生，叶片呈羽状，颜色是翠绿色。目前在水族店内还有一种越南种水蕨，又称细叶水芹。

水蕨生于池沼、水田或水沟的淤泥中，有时漂浮于水面上。

栽培价值与运用方式

水蕨是可食用的野菜，很多瘦身餐都会把水蕨列入食谱中。除此之外，在中医里，水蕨也有活血、解毒，治疗胎毒与跌打损伤的说法。

生长速度很快的水蕨，可以常常采收，不论水上叶或水中叶都可以利用。采下它的叶片后，要先阴干约半天的时间，再用水氽烫去掉苦涩味，然后用酱油和醋调味，或者跟肉丝一起炒也很好吃。

繁殖与照料

水蕨很容易种，冬天也不会休眠。它的叶片有芽，芽会长出小苗，所以繁殖水蕨的方式，就是直接把叶片扦插在土里就可以。

水蕨是蕨类，属阴性植物，所以栽种的时候不需要强光，非常好照顾。它也很适合放在水族箱中做造景，如果希望它长得快一点，可以种在比较接近光源的地方。不过，水蕨的个子比较高，如果要种在水族箱内，水族箱的高度最好要有 45 厘米以上。

水蕨的水中叶

小水榕

水草家族档案

俗名：小榕

学名：*Anubias nana*

科名：天南星科 Araceae

分类：挺水性水生植物，亦可沉水

运用范围：观赏

分布：原产于热带西非

小榕的水中叶

特色

小水榕原产于热带西非，在水族箱内可以长到约 10 厘米，因为比较矮小，在水族箱内适合作为前景植物。

小水榕的水上叶呈卵形，像榕树的叶子，与水中叶的差别不大，长得好的小水榕，叶片边缘会变成波浪状。肉穗花序为黄色，也能在水中开花。

栽培价值与运用方式

小水榕可以绑在沉木或石头上，很适合用做水族箱的造景，目前在台湾省它是水草外销的热门商品，主要销售到中国大陆与日本。

繁殖与照料

小水榕属于阴性植物，不需要强光，因此在水族箱内即使没有光照也可以存活。若种成盆栽，还可以放在浴室，虽然环境较为阴暗又潮湿，却不会影响它的生长。

因为小水榕在自然界的生长状态就是用根附着在石头上，所以在水族箱内，可以用缝衣线将它们绑在沉木或石头上，让根附着在上面。小水榕的茎会长出侧枝，剪下侧枝绑在另外一个沉木或石头上，它就可以继续繁殖。

小水榕在野外生长时不需要土壤，所以放到水族箱里时，如果直接种到土里，根反而容易烂掉，所以最好还是用绑线的方式，种在沉木或石头上，这样比较接近它的自然生长状态。

莫丝

水草家族档案

俗名：绿地毯、墨石

学名：*Fontinalis antipyretica*

科名：匐苔科 Hypnaceae

分类：沉水性水生植物

运用范围：观赏

分布：热带和温带地区

特色

莫丝是苔藓类植物，不开花不产生种子也没有根，与一般苔藓类相同，通常附着在石头上。

栽培价值与运用方式

莫丝的主要用途是通过将其依附在沉木或石头上创造出自然状态的水族景观。莫丝在做水族造景时很好发挥，所以刚刚接触水族世界的朋友，可以选择它作为入门水草，很容易就让你觉得成就感十足。

莫丝不一定要到水族店购买，在乡下，只要在水质干净的地方就可以找得到。

繁殖与照料

莫丝自然生长的方式与小水榕相似，多半是长在石头上，所以和种小水榕的技巧一样，只要用缝衣线将它们固定在沉木或石头上，就可以做许多的造型变化。

莫丝为阴性水草，可以忍受低光照，但光线的强弱不同，生长的形状也不一样。最好还是有适宜的光照，二氧化碳、液肥定期添加，我们就能够在水族箱中欣赏到莫丝真正的美丽。

女王草

水草家族档案

俗名：女王草

学名：*Echinodorus cordifolius* Ssp.

科名：泽泻科 Alismataceae

分类：挺水性水生植物，亦可沉水

运用范围：观赏

分布：分布于北美洲中南部、墨西哥

特色

女王草是由象耳草与 E. *ovalis* 两种水草繁殖而成，植株高 30~50 厘米，叶长 15~25 厘米。叶片有黄、绿、白三种颜色，水上叶会长出花茎开放白色的小花，开花时间是夏、秋两季。

栽培价值与运用方式

女王草的叶片同时拥有黄、绿、白三种颜色，是非常具有观赏价值的水生植物，一般在水族店或园艺店都可以买到。

繁殖与照料

种在水族箱里的女王草，不需要二氧化碳的设备也可以长得很好，但一定要给它充足的光线。女王草怕冷，所以冬天时，水族箱里一定要有加温设备才可以。

即使种在水族箱内，女王草仍会开花，开花时花会挺出水面，然后结果。女王草成熟的果实长得像豆荚，又称果荚，保留果荚，到春天再取出种子播种在水族箱的土里继续繁殖即可。

女王草是多年生的植物，虽然可以种成盆栽，但是不耐低温，冬天会休眠，除非种在温室里，否则不容易存活。女王草在夏、秋季节会开花，开花后，花苞会长出新的植株，称为“不定芽”，只要利用这个不定芽分株就可以繁殖。另外，也可以将女王草的果实保留起来，到了春天再取出里面的种子，播种在盆栽土里繁殖。

女王草的水中叶

中柳

水草家族档案

学名：*Hygrophila corymbosa*（Stricta）

科名：爵床科 Acanthacea

分类：挺水性水生植物，亦可沉水

运用范围：观赏

分布：原分布于东南亚、泰国

中柳的水中叶

特色

中柳主要分布在东南亚，适合大型水族箱造景。中柳的水上叶与水中叶差别很大，水中叶的颜色翠绿，叶片较薄而且柔软。原则上，中柳不需要很强的光线，不过如果光线充足，叶片会由亮绿色变成红棕色。

中柳若以盆栽种植，冬天会开紫色的花，花朵常常会吸引蜜蜂过来采蜜。

栽培价值与运用方式

中柳大多被用来当做水族箱的造景植物，尤其适合高度 90 厘米以上的大型水族箱，作为中景与后景水草。

繁殖与照料

中柳可以直接用扦插法繁殖。一般以水上草栽培于水族箱，要注意基肥与液态肥料的供给，再加上充足的光线和二氧化碳，就可以长得很美。不过，因为中柳的植株比较大，所以要避免种在拥挤的环境里。

如果种成盆栽，就要注意别让它们变成蛾类或者蝴蝶幼虫的食物，发现虫害时，不建议喷洒农药，只要直接把虫抓掉就可以了。

绿菊花

水草家族档案

俗名：绿菊花草

学名：*Cabomba caroliniana*

科名：莼菜科 Cabombaceae

分类：沉水性水生植物，也有水上叶

运用范围：观赏

分布：原产于中南美洲

特色

绿菊花有着水分丰富却清脆的茎部，水中叶是亮绿色的扇形，高度可以达到 30~80 厘米。叶片浮出水面后，却会变成很小的卵形或圆形，而且还会开出漂亮的小白花。

栽培价值与运用方式

绿菊花非常容易照顾，而且水中姿态非常美丽，目前是水族界销售排行榜上第一名的水草，适合栽种在水族箱中作为背景区域。

繁殖与照料

绿菊花可以插枝或侧芽分生的方式繁殖。栽培绿菊花第一个要注意的是光线，它需要强光照射，如果光线不够，植株的节距会变长，看起来会比较丑。因为绿菊花主要是吸收水中的养分，所以只要定期施放液态肥料就可以了。

绿菊花成长的速度很快，建议最好一星期修剪一次，因为绿菊花比较漂亮的部分是前端节距短、叶片大的部位，因此，最好的修剪方法就是保留比较漂亮的前端，淘汰旧叶后，重新扦插。

挺出水面的花与叶片

大宝塔

水草家族档案

俗名：大宝塔

学名：*Limnophila aquatica*

科名：玄参科 Scrophulariaceae

分类：挺水性水生植物，亦可沉水

运用范围：观赏

分布：原产于印度、斯里兰卡

大宝塔的水中叶

特色

大宝塔水中叶是漂亮的扇形，水上叶则是披针形，以平面伸展的方式由茎向外扩散生长。会在秋、冬季时，开出白色混着紫色的美丽花朵。这种在同一株水草上表现出两种完全不同的水中叶形，相当罕见。

栽培价值与运用方式

大宝塔是水族界非常普遍的观赏用水草，十几年前，大宝塔的售价可是非常昂贵的，还好经由水族业者大量繁殖后，现在已是非常平价的水生植物了。大宝塔可作为中景及后景草。

繁殖与照料

大宝塔主要是采用扦插法繁殖，它的成长速度快，因此比较适合种在深度高而且有底沙的水族箱里。栽培大宝塔需要注意供给充足的铁肥，以及足够的光线，这样它的叶片会比较茂密。

大宝塔的水中叶不喜欢低温，最适合的温度是 24~26℃，因此在冬季时需要帮水族箱加温，否则水中叶就会长出水面，变成水上叶了。

三叉叶星蕨

水草家族档案

俗名：铁皇冠

学名：*Microsorium pteropus*（BL.）Copel.

科名：水龙骨科 Polypodiaceae

分类：挺水性水生植物，亦可沉水

运用范围：观赏

分布：东南亚地区，中国台湾省

特色

三叉叶星蕨是多年生的挺水或沉水性植物，植株高 15~25 厘米，水上叶与水中叶形状相同，因为是蕨类，所以不需要强光。它的叶片形状像一顶皇冠，所以又称为铁皇冠，是一种很长寿的水草。

三叉叶星蕨是水陆两栖的植物，在野外的山上或大树下潮湿的地方都可以找到。

栽培价值与运用方式

野生的三叉叶星蕨大都附着在石头上，因为它的匍匐性根茎会横向蔓延，所以种在水族箱里作造景非常适合，只要用缝衣服的线绑在沉木或者石头上，就可以随意改变水族箱内的景观。

繁殖与照料

三叉叶星蕨喜欢“旧水”，所以不要太常换水，大概两星期换一次就够了，换水的时候，记得要保留一半原水，不要全部水都换掉。

如果要将三叉叶星蕨种成盆栽的话，千万不要直接将它种在泥土中，因为它在自然界生长的方式是附着在石头上，所以最好的方式是用线绑在石头上，再给予充足的水分就可以了。

别忘了，三叉叶星蕨是蕨类，不喜欢阳光，所以要避免阳光直接照射，明亮的室内是很适合的摆放位置。

三叉叶星蕨的水中叶

水车前

水草家族档案

俗名：龙舌草、水带菜

学名：*Ottelia alismoides*（L.）Pers.

科名：水鳖科 Hydrocharitaceae

分类：沉水性水生植物

可利用部位：茎、叶、果实

运用范围：料理、药材、观赏

分布：中国云南、四川、广西、广东、福建、台湾等省区

特色

水车前是完全沉水性的植物，茎短或无，叶聚生基部，水中叶狭矩圆形，水上叶为阔卵圆形。花白色或浅蓝色，花期7~9月。在台湾省宜兰、三芝一带，种茭白的地方可以找到它们的踪影。

栽培价值与运用方式

水车前通常是在夏天开花结果。果实和秋葵很像，也可以吃，虽然没有秋葵的特殊气味，但吃起来的口感差不多，可以拿来清炒或者做羹汤。水车前的嫩叶可代菜食用，全株可作饲料。

水车前也有药效，据说可以清热止咳，生津益气。把它的茎叶捣烂后，还可以治痈疽或者灼伤。

繁殖与照料

水车前是沉水性植物，只能种在水族箱里，因为它的叶片比较大，所以比较适合大型的水族箱。它需要的基本配备包括水族箱的照明灯、恒温器和二氧化碳制造机。而且还需要充分的水草专用液体肥料。因为植物体比较大，所以很适合作为水族箱内的背景植物。

水车前是利用种子进行繁殖，它通常在夏天开花结果，所以只要将果实内的种子取出后，播种在水族箱的土壤内就可以繁殖了。

水车前的水中叶

黄金钱

水草家族档案

俗名：黄金钱

学名：*Lysimachia nummualria*

科名：蓼科 Polygonaceae

分类：挺水性水生植物，亦可沉水

运用范围：观赏

分布：原产于北美洲和欧洲

特色

黄金钱在陆上属于匍匐性植物，它的生长状态是紧贴地面，并且横向蔓延。主要生长地点是在水沟边或者湿地，春、秋两季会开黄色的花。黄金钱如果种在水中，茎会从匍匐状变成直立状，叶柄会比较长，植株高度在 5~15 厘米。

黄金钱叶对生，近圆形，亮绿色，花亮黄色。

栽培价值与运用方式

黄金钱是绿金钱的变异种，颜色是黄绿色，因为一般水草都是绿色或红色，所以它的颜色在众多水草中显得特别，也能让水族箱的色彩更丰富。

繁殖与照料

黄金钱在水族箱的高度大约只有 5~15 厘米，因此很适合作为前景植物。和其他水生植物一样，采用扦插法就可以繁殖。春天则是最适合的生长季。它需要大量的光线，不能被其他植物遮盖，所以最好避免与漂浮性的水草一起种，否则很容易影响生长。

绿金钱

黄金钱的水中叶

龙骨瓣莕菜

水草家族档案

俗名：大香菇、野莲

学名：*Nymphoides indica*

科名：睡菜科 Menyanthaceae

分类：浮水性水生植物

可利用部位：叶柄

运用范围：观赏、食用

分布：中国四川、湖北、湖南、江苏、福建、广东、台湾等省，印度东部

特色

龙骨瓣莕菜属多年生水生草本植物，是众多莕菜品种中的一种，大都生长于湖泊、沼泽地区。它的水上叶的叶片呈椭圆状，类似肾形；水中叶的叶片则是翠绿色，叶缘呈波浪状；茎长，圆柱形。

栽培价值与运用方式

龙骨瓣莕菜又称为野莲、大香菇。它的叶柄可以食用，不论清炒或凉拌都很好吃。

龙骨瓣莕菜可作水面绿化，叶形似缩小的睡莲，装点水面很美。

繁殖与照料

龙骨瓣莕菜夏季会开花，花苞会长出新的植株（不定芽），想要繁殖栽培，可以利用这个时候将不定芽分株，再直接种在土壤里即可。龙骨瓣莕菜种在水族箱里，可以不需要强光，但是如果想要欣赏它的水上叶，就需要给它全日照的环境。

龙骨瓣莕菜入菜非常可口，想要常常吃到，建议将它种在深一点的容器里面，这样它的叶柄会比较长，可以吃的部分会比较多，龙骨瓣莕菜最高可以长到 1 米。

龙骨瓣莕菜的浮水叶

龙骨瓣莕菜的水中叶

挑战级水草

栽培水草，真的是非常简单又有趣的过程，如果你觉得前面所介绍的水草都太简单，无法显出你“绿手指”的功力，那么不妨挑战一下接下来要介绍的挑战级水草。

挑战级水草除了需要完善的水族箱配备外，还需要照顾者的耐心和细心。除了要注意光线、温度、营养外，还要定期检测二氧化碳和水质。如果稍有不慎，这些水草就会用丑陋的外表来向你抗议，水族箱里也会长出成群令人厌烦的藻类，原本清澈美丽的水族箱不但不再美观，还会影响观赏者的心情呢！

鹿角苔

水草家族档案

俗名：叉钱苔

学名：*Riccia fluitans*

科名：钱苔科 Ricciaceae

分类：沉水性水生植物

运用范围：观赏

分布：中国秦岭以南各省区，朝鲜、日本、印度等

水中的鹿角苔

特色

鹿角苔广泛分布于世界各地阴暗潮湿的环境里，通常是团状生长。它的叶片细长，尖端分为两段，长得很像鹿角，所以被命名为鹿角苔。

栽培价值与运用方式

因为自然环境被人为严重破坏，现在已经很难在田野间发现野生的鹿角苔了。所以如果你很幸运地找到了珍贵的原生种，请不要全部带回家，一定要留一些在原地让它继续繁殖，让自然界的美丽可以生生不息。

鹿角苔最讨人喜欢的就是“Y”字形丛生叶端会冒出一颗颗气泡，幻化成美人鱼的祝福，用它作为前景草可营造出美丽的绿地效果。

繁殖与照料

鹿角苔没有根，所以必须用无性繁殖，通常都是将整片的鹿角苔用缝衣线绑在石头或者沉木上固定，它就会自行繁殖。

鹿角苔很适合放在水族箱的底部做造景，在水族箱里种一大片鹿角苔，只要有足够的光线与二氧化碳，鹿角苔就会进行很明显的光合作用，叶片上会冒出一颗又一颗的气泡，非常美丽。

鹿角苔需要强光照射，光线不够时，它的底部就会腐烂，所以一定要注意。另外，鹿角苔的成长速度很快，当它长到一定体积时，位于底层的植物体很容易因为吸收不到光线而腐烂，以致漂浮起来。这个时候最好的解决方式，就是将腐烂的地方处理掉，再重新用线捆绑固定。

红柳

水草家族档案

学名：*Ammania gracilis*

科名：千屈菜科 Lythraceae

分类：挺水性水生植物，亦可沉水

运用范围：观赏

分布：非洲热带地区

红柳的水中叶

特色

红柳的原生地是非洲热带地区，水上叶与水中叶有很大的颜色差异，水上叶的茎呈红色，叶片是鲜绿色，水中叶的茎和叶都是带点粉橘的红色。

红柳是一年生的水草，秋天开花之后就会死掉，但是如果养在水族箱内，适当的温度、光线、水质可以让它延长存活时间，甚至变成多年生水草。

栽培价值与运用方式

红柳是装饰功能很强的水草，美丽的橘红色，可以将其他水草的翠绿更为突显，非常受到水族爱好者的欢迎。

红柳在水族箱中作为中景及后景水草。

繁殖与照料

红柳的个子比较高，所以最好用深度 90 厘米以上的水族箱来栽培。因为一般红色水草都缺乏叶绿素，进行光合作用的功能比绿色水草差，所以如果要让红柳维持在健康的状态，一定要给予充足的光线与营养，尤其是铁质的补充。

除了光线和营养外，水族箱的温度也要控制在 25~28℃，温度如果太高，水柳的叶片很容易腐烂。除此之外，平常也要多观察红柳的叶片，看看它的叶子是不是完整，有没有扭曲变形，叶子如果出现破洞，很有可能是被螺类当成食物啃食，建议在水草箱内养一两尾娃娃鱼（淡水河豚），就可以解决螺类问题了！

矮珍珠

水草家族档案

学名：*Glossostigma elatinoides*

科名：玄参科 Scrophulariaceae

分类：沉水性水生植物，有水上叶

运用范围：观赏

分布：原产于澳洲东南、新西兰等地

特色

矮珍珠植株高度大概只有2.5厘米，虽属有茎水草，但茎部是爬行在底部生长的，最后铺满整个底部，而叶片又是浓密生长的，感觉宛如草坪一般。有水中叶与水上叶，叶片是对生的，长得像汤匙的形状。

栽培价值与运用方式

矮珍珠是水族造景时常用的水草，通常是用来当作水族箱前景的“草皮”。有人只用矮珍珠和几颗石头来布置偌大的水族箱，让它看起来就是一片草原，别有一番意境。

繁殖与照料

矮珍珠是用种子繁殖，直接将它播种在水族箱内就可以。另外，因为水族店买回来的矮珍珠长得就像一片草皮，所以也可以将它分成一片一片的，每一小片大约有五六株就可以，直接铺在水族箱内的土壤上，过一阵子，它就会自行繁殖连成一片了。不过，种矮珍珠之前，需要在底沙下面放入充分的基肥，之后也要定时添加液体肥料，这样才会长得好。

矮珍珠的个子很娇小，所以需要比较强的光线，否则很不容易进行光合作用。夏天时，要注意温度是否太高，除了可以调整灯光的距离外，也可以加装电扇和冷却器来控制温度；预算如果充裕，最好可以加装二氧化碳的设备，这样就可以提供矮珍珠更完美的生长环境。

矮珍珠的水下叶

网草

水草家族档案

学名：*Aponogeton madagascarensis*

科名：水蕹科 Aponogetonaceae

分类：沉水性水生植物

可利用部位：叶片

运用范围：观赏、制作书签

分布：原产于马达加斯加

特色

网草原产于马达加斯加，因为有网状透明的叶片而得名。网草只有沉水叶，无法在水上生存。叶片只有网状的叶脉没有叶肉，就像网子一般，叶长30~50厘米，宽6~8厘米，长带形至长椭圆形。

栽培价值与运用方式

过去，网草是很不容易取得的植物，所以有“水草之王”的称谓。现在在一些水族店有贩卖。

网草可作为沉水景观布置，供观赏。网草的网状叶片干掉之后，也可以直接拿来做成书签，既环保又有创意。

繁殖与照料

栽培网草需要非常注意温度和水质。网草很怕热，所以它在台湾的夏天是比较不容易存活的。如果你的水族箱里有可以降温的冷却系统，就比较容易克服这问题，但带冷却系统的价格昂贵，所以不建议这么做。最经济的方式是在夏天时切掉它的叶子，留下块茎后放到冰箱内“避暑”，等到天气转凉再拿出来种就可以了。

用网草做的书签

日本珍珠草

水草家族档案

学名：*Elatine orientaris*

科名：沟繁缕科 Elatinaceae

分类：沉水性水生植物，有水上叶

运用范围：观赏

分布：主要分布于日本

特色

日本珍珠草是袖珍型的水草，水上叶有两片卵形对生的叶子，而且没有叶柄，植株比矮珍珠更纤细。主要分布于日本与亚洲其他地方的日本珍珠草，通常在野外的水田或湿地可以看到。

栽培价值与运用方式

日本珍珠草是水族造景常用的水草，它的水上叶生命力很强，繁殖的速度也很快，高度可以达到 1~10 厘米。

日本珍珠草在水族造景上可以做很多变化，不论做前景、中景或者背景都很适合。它也可以绑在沉木、石头，或者浮球上，甚至可以制造出树丛的感觉，可以十足地发挥造景者的想象力和创意。

繁殖与照料

日本珍珠草生长时需要足够的光线与二氧化碳，它的生长速度很快，所以需要经常修剪。繁殖时，只要用扦插法种在泥土中就可以了。

日本珍珠草如果是用线绑在石头或沉木上做造景，就要特别注意光线的问题。它和鹿角苔一样，如果底部没有足够的光线照射，就很容易腐烂，所以一定要经常检查底部叶子的生长状态。

日本珍珠草的水中叶

水草栽培DIY

水生植物照顾起来不难，用途广泛，你是不是已经心动，想要开始亲近美丽的水草呢？

对于从来不曾接触过水草的人来说，很可能会对市面上五花八门的水草与工具感到眼花缭乱，不知该从何看起、选起。建议你先了解书中介绍的水草，从中选择你喜欢、想种植的品种。了解这些水草适合的环境后，再评估自己有多少预算，可以建构怎么样的水草世界。

贵不一定好，大也不一定漂亮，好又漂亮的容器，却不一定适合你，所以不需要盲目地跟随别人的喜好，只要你喜欢，即使是从路边捡来的瓶罐、石头，水沟里捞起来的浮萍，也能让你建构出美丽的水草世界，表现出自己独到的眼光和品味。

新手上路的基本配备

大多数的水生植物都很能够适应环境，刚开始接触水草，建议你不需要马上就投入大笔金钱在设备上。有许多水草，只要有盆器、有水、有土壤就够了。而这些器具，你甚至可以从现有的锅、碗、瓢、盆中去寻找，根本一毛钱也不用花。

盆 器

在以土壤栽种挺水性水生植物，或者以水培养浮水性或漂浮性水生植物时，盆器是最基本，也是最重要的器具，只要盆器漂亮，就可以先打上 80 分！

原则上，只要不会漏水的器皿都可以拿来作为栽培水草的盆器，不管是陶、铁、木、玻璃等材质的器皿，还是茶杯、马克杯，只要它们的造型是你喜欢的，都可以发挥你的创意加以利用。

如果你是到园艺店买种花专用的盆器，那么你会发现大部分盆器的中央都会有个洞，这种中央有洞的盆器并不适合用于需要大量水分的水草栽种。有两个方法可以补救，第一是到五金行买一些硅胶，用硅胶把这个洞口封起来；另一个方法更简单，直接找尺寸适合的厚塑料袋套住盆子，只要水分不会流失，就可以当作水草未来的家了。

水族箱/盛水器皿

通过水族箱或者可以盛水的器皿，可以让我们清楚地观赏到水生植物在水面漂浮或者在水中舞动的姿态。

目前在市面上，有各式各样可以盛水的器皿，从迷你型到落地型的水族箱，插花的花器，可以盛放浮水蜡烛的玻璃器皿……只要不会漏水，都可以拿来利用。不想花钱的话，甚至可以用玻璃杯、罐头瓶或汽水瓶来代替，既省钱又环保！

如果你想要专业一点，买一个水族箱来栽种水草，建议你在选择时最好挑选玻璃或者强化玻璃材质的产品，虽然亚克力材质的水族箱比较便宜，也不会因为温度变化而起水雾，可是质量不好的亚克力水族箱，很容易因为水压过大而破裂，反而不安全，所以还是不要为了省钱而因小失大吧！

土　壤

土壤是挺水性水草在以盆栽种植时的养分来源，水草是不是能够长得健康，长得漂亮，土壤的选择是至关重要的。

原则上，只要是固水性佳、透气性好的土壤，就很适合用来栽种水生植物。所以，如果你是住在乡下，那么，水田里或者溪、湖边的烂泥巴就是非常好的选择。如果你是住在缺乏绿地的都市中，那么，最方便的选择就是到花市或是园艺店购买现成的泥炭土或培养土。反正，只要不是透气性差的黏土，都可以拿来作为水草盆栽种植的土壤。

底 沙

在水族箱里栽培沉水性的水草，有许多水草品种是需要用底沙来固定根部的。所以，在搭配底沙时，也必须配合你所栽种的水草来选择。

如果你有机会到水族店逛逛，就会发现目前搭配水族箱的底沙不但种类多，颜色也多。它们有许多是用大小不同的石头染色而成的，可以搭配不同的造景来运用。

不管你选择哪一种底沙，有一点非常重要，就是绝对不能用会起化学变化的材料，因为水族箱里通常都会添加或施放二氧化碳，这时产生化学反应的底沙就会与二氧化碳发生交互作用，影响水质后，就会影响水草及其他水中生物的生长。许多人常常为了美观、漂亮而选择用贝壳沙来作为底沙，不过应该注意的是贝壳沙通常是很容易产生化学反应的材料，最好避免用在水族箱中；如果真的想使用，也应该点缀性地使用，不要放太多的量。

想要知道所购买的底沙是否安全，有一个测试方法，就是倒一点点盐酸在底沙上，如果底砂冒出泡泡，就表示它已经起了化学反应，是不适合用在需要二氧化碳的水族环境中的。

最适合的底沙是在包装上标示有“水草专用”的文字，它们是从国外进口，专门给水草栽种时使用的细沙，不仅透气性好，也不会与二氧化碳产生化学反应，所以目前一般店家都会推荐使用这种底沙。在水族专卖店出售的一般是 22 千克装的，也有少数水族专卖店会将其拆开来称重贩卖，不过零售的价格较乱。

另外，还有一种由日本进口的“ADA 基肥土”高级底沙，1 包 8 升。这种底沙是将土壤做颗粒化的处理，不只透气性佳，也可以让水质保持在稳定的状态，如果想栽种的水草难度比较高，就可以使用这种底沙，比较不容易失败。

就像种植一般陆生植物的泥土需要常常翻动一样，底沙使用一阵子之后，也需要翻动，让它保持比较好的透气性。当你在布置或整理水草时，可以顺便用镊子稍微翻动一下底沙，注意，只要轻轻搅动一下就可以了，这样才不会把整缸水都搅动得过于混浊。

让水草更美丽的配备

熟悉水生植物栽培的基础后，如果想挑战有点难度的水草栽培领域，介绍你应用以下的工具，它们可以让你的水族箱世界更丰富，更有可看性，而且水草也会加倍美丽！

石头／沉木

不要小看那些不起眼的石头和沉木，将它们应用于水族箱造景时，常常都能达到画龙点睛的效果。“沉木”指的是放入水中会下沉的木头，一般都是用漂流木制作。因为漂流木长时间浸泡在水中，碳化之后密度比水还大，所以它可以很容易地沉入水中，故称为“沉木”。

不管是石头还是沉木，都可以在水族店或者园艺用品店找到，价钱会因材质、造型而有所差异。当然，如果你到郊外或海边踏青，看到顺眼的石头或漂流木时，也可以带回家加以利用。不过，请务必确定这些石头或木头是没有主人的才行。

不论你是买的，还是拣的，石头或木头带回家时，请一定要刷洗得非常干净，以免有躲藏在细缝里的虫或螺类跑出来危害水草。

沉木带回家后，最好先在水中浸泡一两个月再使用，如果马上将其放入水族箱中，木头里面的色素会分解出来，让水变得混浊，不但影响水族箱内的照明，也会影响水草进行光合作用。

照明灯

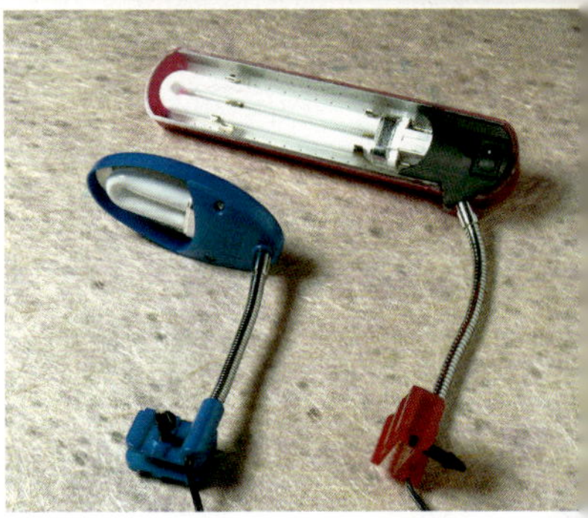

照明灯除了可提供水草光源，进行光合作用外，也能够让你的水族箱更赏心悦目。目前市面上，水族箱专用的照明灯从几十元到几千元都有，所以，请依实际需要和经济状况来做取舍。

不过，在选择照明灯时，除了外观、价钱之外，还有几个因素请一并考虑。

1. 先确认它发光的波长接近太阳光波长。这样视觉效果最好，目前在水族用品店内贩卖的大多是这一类型的灯。

2. 确认照明灯的反射效果和散热功能良好。一般说来，灯座的材质如果是铝合金的，会比较容易散热而且也不容易生锈。照明灯的反射效果与散热功能，从外观是无法判断的，最好是询问店家多做比较。

3. 确认照明灯是采用电子式整流器的。因为这种照明灯的效果会比一般日光灯好，比较不容易闪烁，也不容易过热，启动时间也更快。

最后要提醒你，一分钱一分货的道理用在选购照明灯还是可行，所以在货比三家之后，如果发现有异常便宜的照明灯，它的品质可能是有问题的，还是不要贪小便宜比较保险。

过滤器

过滤器的作用是过滤水族箱里的水，将水中的杂质、烂叶、有机物等过滤掉，让水质保持干净、清新、稳定。如果没有过滤器，水族箱里的水就容易变得混浊，甚至长出藻类，不只影响美观，也会让水草腐烂。

如果你想栽种的是前面挑战级单元中介绍的鹿角苔、红柳、矮珍珠、网草、日本珍珠草等几种水草，那么，建议你在水族箱中添置过滤器。因为这些水草对于水质的要求比较高，想要它们长得好，还是要做一定的投资的。

过滤器的价格从几十元到几千元都有，除了受规格大小影响外，制造地对其也有影响，目前市面上的过滤器除了国产的外，还有从欧美进口的产品。

有了过滤器，还要定期清理过滤器里头的滤棉，保持滤棉的清洁，才能让过滤效果达到最好的状态。至于何时要清理，可观察水族箱中水量来决定。滤棉如果阻塞太严重，会导致水族箱的水变少，如果目测发现水族箱的水已经比原本的少了一半，就是该清理滤棉的时候了。

二氧化碳

二氧化碳（CO_2）的设备对于水族箱内的水草来说很重要，因为水草的生长需要进行光合作用，而二氧化碳是光合作用必须的成分，所以栽种水草的水族箱最好都加装二氧化碳设备。二氧化碳设备包含储气瓶（钢瓶）、输气管、减压阀、微调阀、细化器等，通过这套设备将二氧化碳压缩气送到水中。

水族箱不大，或者怕麻烦的人，可以选购一种叫做二氧化碳反应剂的产品，只要将反应剂丢进水族箱里就可以了。至于使用的时间与剂量，应根据水族箱大小，按照产品说明书来使用。

水草光合作用

二氧化碳钢瓶

还有一种反应剂是利用酵母菌和糖的结合来产生二氧化碳。这种反应剂因为是从国外进口，因此价格比之前提的二氧化碳反应剂贵很多。使用的方式与剂量也必须依照水族箱的大小不同，依照使用说明书来运用。

因为反应剂是有时效的，需要常常补充，所以从长远来看，购买可以自行制造二氧化碳的二氧化碳钢瓶其实是比较经济实惠的。

二氧化碳钢瓶有各种不同的规格，有 2 升的，也有 4 升、8 升的型号，必须视水族箱的大小来选购。要注意的是，因为二氧化碳是属于高压气体，购买的时候一定要注意它的制造日期，确认产品没有过期，另外，还要注意产品是否通过安全检验。

二氧化碳钢瓶可以再搭配扩散筒或细化器一起使用，这样可以让二氧化碳的溶解效果比较好，一般来说小水族箱选用细化器，大水族箱选用扩散筒。扩散筒和细化器的价格差异很大，因品质、制造地而从几十元到数百元都有，选购时请找信用良好的店家多询问多比较。

二氧化碳反应剂

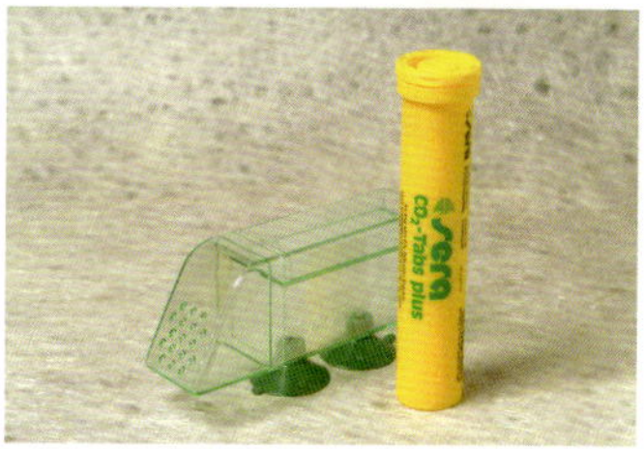

二氧化碳反应剂

二氧化碳压力表与电磁阀

加热器 / 恒温器

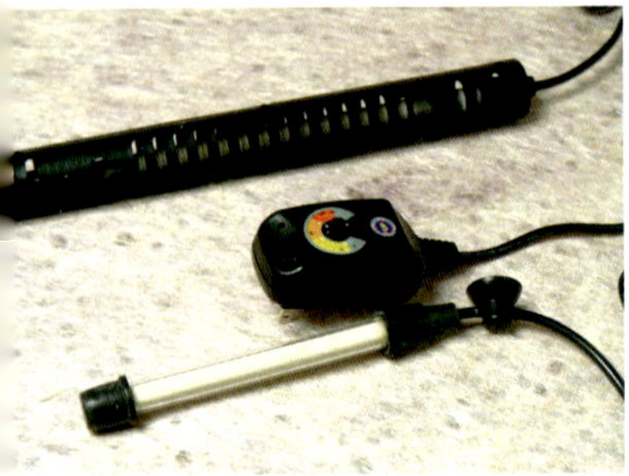

水草会因为品种不同，而有不同的水温要求。有的水草需要维持恒温，有的水草不喜欢寒冷，而有的水草必须在某种特定的水温下才会产生水中叶。这个时候，就需要加温器或者恒温器来帮助调整水温了。

恒温器和加热器的价格，通常是依照加热棒的功率不同而有所差异。在选购时，建议你一定要找一个信用比较好的水族店购买，除了依水族箱的大小选择功率外，也要把产品的质量纳入优先考虑。如果质量太差，很容易出现故障。最严重的还可能变成“电汤匙”，把水族箱的水都给煮沸，变成水草汤，那种画面可是一点也不赏心悦目的。

肥　料

锭肥与液肥

基肥

水生植物需要的肥料分为基肥、锭肥和液肥三大类。基肥是一种水族箱栽培水草必须具备的肥料，通常会铺放在底沙下层，也就是水族箱的最底层。目前市面上，好品牌的基肥可以维持两三年不需要更换，想要知道使用效果，可以多问店家。

基肥不足的时候，可以用锭肥来补充，锭肥就是像药丸一样的肥料，使用时，只要直接把它塞入基肥中就可以。

液肥则分为微量元素与铁质两种，通常每周换水时添加就可以，不过还是需要依不同的水草需求再追加。

一般市面上的基肥、锭肥和液肥都是属于化学肥料，专门用在水族箱的水草养殖。锭肥与液肥的成分大同小异，只是有的水草是通过叶片吸收养分，这时就适合添加液肥；有的水草是通过根部吸收养分，必须使用锭肥才有效。

水草的选购

准备好需要的工具和配备后，就可以把你想要栽种的水草带回家了。

大部分的水草，都可以在一般的水族馆或花市里买到。选购水草时，除了要先了解水草的特性和生长条件之外，还有一些原则性的注意事项。

1. 除非想要种盆栽，否则选购水草时，请尽量挑选水中叶。

2. 挑选健康水草的原则就像挑选蔬菜一样，叶形应该是漂亮而且没有残缺的。

3. 水草买回家之后，一定要先清洗过，把虫卵剔除，这样就不会把水草场或水族店的病虫害带回家了。

给水草一个舒适的窝

把美丽的水草带回家后，当然要想办法帮它营造一个舒适的窝，别担心，这个过程一点都不复杂，非常简单。请你跟着书中的介绍，一步一步地做，马上就能进入状况了！

浮水植物栽植步骤

浮水植物是最容易栽植的水草，只要准备一个适当的容器，放入水草，即可轻松营造一方绿意。

步骤 1

选择一个盆器，装入八分满的水。

步骤 2

将水草植株中腐烂、破损或者变黄的叶片摘掉。

步骤 3

依据容器的深度将根部稍微修剪。

步骤 4

将水草放进容器内。

步骤 5

自行搭配，依序放入不同的水草品种即完成。

水族箱栽植步骤

水族箱是多数水草种植的最好环境，在水族箱中栽植水草需要较多的经验和技巧，一回生，二回熟，只要了解每一个步骤的重点,相信你一定可以创造出自己美丽的水草世界。

步骤 1

先将底沙平铺于水族箱底部，然后倒入清水。为了避免倒水时搅动底沙，使水变得太混浊，可以先用一块抹布垫在底沙上，再将水缓缓倒在抹布上。大约倒入七分满的水量即可。

步骤 2

放水草时最好先将当作主景的水草放入，作为主景的水草，通常颜色比较深，栽植面积也比较大。

步骤 3

将其他搭配主景的水草放入。水草摆放的位置，可依照个人的喜好，不过，最好是高的水草摆后面，矮的水草作为中景或前景。水草在水中漂动不容易固定，可以用镊子或长筷子夹着扦插入底沙中。

步骤 4

设置好水草后，依序放入水族箱的维生设备，包括过滤器、二氧化碳钢瓶、细化器、照明灯等，购买时可请教店家设备的装置方式。该提醒你的是，一定要将所有的设备都装设好之后才插电，以免发生触电的危险。

步骤 5

完成后需换水才会让水质清澈，换水方式是利用虹吸管原理，取一根水管，灌满水后一端插入水中，一端垂在缸外，而且其出水口要低于水面，水就会自动流出。将水抽出后再加入新的水。

盆栽栽植步骤

用盆器来栽种水草，和一般种植其他植物的步骤是一样的，不过水草盆栽可以有更多造型上的变化。建议你在尝试盆栽水草时，可以尽量发挥自己的创意。

如果你还不知道从何处着手，那么就先参考以下这一款龙舟造型的水草盆栽吧！而这款龙舟造型的水草盆栽，最抢眼的就是利用莫丝所绑出来的绿色圆球。

步骤 1

选择适当分量的莫丝与要使用的浮球（亦可用乒乓球、保丽龙球）。

步骤 2

将浮球置于莫丝中间，用莫丝把浮球包起来。

步骤 3

莫丝很容易就与浮球结合成形。

步骤 4

用颜色与莫丝接近的缝衣线将莫丝牢牢地缠住，固定在球上即可。

绑好莫丝后，就可以进行下一步盆栽造景的工作了。

步骤 5

将种植水草用的湿土倒入盆栽的容器里铺平。

步骤 6

先将比较矮的水草（日本珍珠草）种在土里。

步骤 7

然后将装饰性强且植株比较高的水草（天胡荽）扦插在盆内。

步骤 8

将事先绑好的莫丝球用长的竹签插入，固定在土里即可。

水草的日常照护

不管你是以哪一种方式种植水草，水草的日常照护有以下几个原则可以参考。

1. 大部分的水草都能在 26℃左右的环境中活得很好，所以在冷热比较明显的冬季和夏季，请注意水草周围环境的温度（详细的水草适合生长温度，请参考附录的“水草家族一览表”）。
2. 养在水族箱里的水草，冬天可以用加温器维持温度，夏天水温过高时则可以利用冷却器来降低水温。如果没有添购昂贵的冷却器，可以改用电风扇或者开冷气降低室温，效果也不错。
3. 养在水族箱里的水草，基本上都无法接触到足够的自然光，因此，每天都要给予足够的人工光照补充，一般来说，水族箱的水草每天需要 8~12 小时的人工光照。
4. 水族箱一定要定期清理和换水，避免藻类的滋生，换水之后，也要适度地添加肥料，才能帮助水草顺利成长。
5. 养在水族箱的水草，有温度调节设备来控制温度，但是养在盆器里的水草可就没有这么好命了，建议你在以盆器种植水草时，先参考附录的“水草家族一览表”，了解书中每种水草的基本资料，参考它们适合的生长与繁殖季节。
6. 一般水草常见的病虫害就是螺类，只要在水族箱内放入娃娃鱼（淡水河豚），就可以轻易地把螺类都除掉。
7. 种植漂浮性水草时，如果担心蚊虫滋生，可以在容器内养些盖斑斗鱼，它喜欢将蚊子的幼虫孑孓当食物，可以避免滋生蚊虫。

睡莲应该是大家最熟悉的水生植物，睡莲是多年生的浮水性植物，叶片平贴在水面上，根固定在水下泥中，而且有地下茎。它的叶柄会因为水的深度而改变，越深的水，叶柄就会越长，而且开花时会伸出水面。

夏天是睡莲开花的季节，冬天则是睡莲的枯萎期，除了有很明显的季节变化外，睡莲盛开的时间也有日夜之分。日照对于睡莲是非常重要的，如果光线不够，睡莲是不会开花的，所以睡莲一定要种在户外，才会长得好。

第2章

水草让你更有品位

也许你一向认为水草是相信风水或者养鱼的人才会养的。可是当你到朋友家做客，发现朋友竟然用水族箱来代替冰冷的砖墙作为隔断，而那一大片绿意，可能是平常整天盯着电脑屏幕的你，根本享受不到的画面，这时的你是否怦然心动呢？

然后有一天，牙痛得不得了的你，走进牙科诊所，在这里，你又和绿意盎然的水草相遇了。你可能会认为：“这是用来哄小孩的！”但是，看着美丽水草的你，牙痛的压力是否纾解了一些呢？

好久不见的朋友，约你到一家情调优雅的餐厅吃饭，一坐下来，你看到桌上有个小巧的玻璃杯，里面漂浮着美丽的水芙蓉，以及浪漫的浮水蜡烛。这时的你是不是会被店家的巧思感动呢？或许你会开始想：“也许，我也可以这样布置我的餐桌？”

周年庆到了，忙里偷闲赶着采购的你突然发现，不知道从什么时候开始，贩卖生活杂货与家饰的地方，也悄悄地出现了许多装着漂亮水草的容器。于是，你决定带水草回家，也放了一盆在你的办公室里，你想象着：“当我不爽老板的时候，我可以看看水草，忘记老板的唠叨！”

不管是无聊还是忙碌，悠闲还是匆忙，你的生活，就让水草来为你装点一些色彩吧，如果你还在犹豫，不知该如何选择水草，运用水草，那么不妨参考我们的水草设计，你一定可以找到改变心情的好点子！

居家好品位

在家里布置水草，可以很壮观，也可以很可爱。

有些设计师会利用水族箱来做隔断，这样空间不会显得太封闭，又可以随时欣赏到水草的美，非常有特色。

也有不少人在客厅里布置好像山水画一样的造景水草。而有的人不想花这么多钱，做如此大手笔的投资，他们往往选择在窗台放一个小小的生态球，或者幸福藻球，每天可不时观察它们的变化，增加生活的乐趣。

风水书里面，只要提到有水的植物，都会特别小心，因为水与“财”息息相关。要放水族箱，或者水生植物，几乎都要特别考虑方位的问题，所以如果你很相信风水，不妨在房子的财位放个水草缸，也许真的可以让财源滚滚而来喔！

玄 关

玄关是一个家的门面。屏除杂乱的鞋子，运用漂亮的玻璃容器或陶器，放点漂浮性的水草，像是水芙蓉、槐叶萍或浮萍，再把纸莎草随意地插在瓶子里，就可以把玄关的气氛营造得很有日式禅风的感觉，不仅可以让每天出入大门的家人心情愉快，也可以让来拜访的客人耳目一新。

水芙蓉、槐叶萍、浮萍等水草，平常需要日照，如果家里的玄关比较阴暗，可以把它们养在阳台或者庭院里，需要时再摘取一些来替换。这样就可以避免水草因为光线不足而变黄了。

客 厅

对于一般人来说，在家里，除了睡觉之外，停留最多时间的地方，就是客厅了。如果可以把客厅布置得很舒服，整天都会很开心。

如果你的客厅很大，不妨选择一个大的水族箱，让它变成视觉焦点。这样一来，不只家人之间有共同的话题可以讨论，客人来拜访时，也不用让大家总是盯着电视机屏幕，讨论八卦或者大打口水战。

如果你的客厅不大，可以选择小巧的容器，装点漂浮性水草，或者用小小的玻璃器皿，里面放点莫丝或用水杯装一两枝菖蒲。这样的装饰，既感觉清爽，也不用大费周章地花时间与金钱来照顾。

餐 厅

在餐桌上用玻璃容器放一些漂浮性的水草，或者在一个比较高的花瓶里，随性地插几枝纸莎草。这样用餐的气氛好像就会变得比较轻松而浪漫一点，饭菜也好像变得特别好吃。

如果餐厅比较大，还可以利用水族箱做隔断。这种装潢方式，可以让空间有穿透感，一方面可以区隔客厅与餐厅，一方面又可以实现装饰的功能，是一般隔间墙达不到的效果。

厨房

厨房是料理的地方，你可以在厨房里种一些可供料理用的水草，这样要做菜的时候，随手就可以取得这些食材，非常方便。像是大叶田香草、水薄荷、水蕨、水紫苏等，都是很适合放在厨房里面养护的水草，就算你不拿来做菜，平常当成盆栽也蛮好看的。不过这些植物都需要充足的光线，所以最好是放在自然光可以照得到的窗台上比较适合。

如果你的料理台够大，那么把一些餐具叠起来，运用珍珠草、莫丝、满江红，以及可以代替吸管使用的荸荠茎，布置成和风的摆饰，不仅实用，还很有诗意呢！

浴 室

在浴室里种一些盆栽，就会很有“家”的感觉。不过家里的浴室通常湿气很重，一般植物很难生存，这时候，种点水草就对了。不过，并不是每一种水草都适合放在浴室里，因为有的水草需要大量日照，而有些不耐高温，所以在选择水草时还是要注意一下。在这里，我推荐的是小水榕、铁皇冠和铜钱草，它们都是耐阴的植物，比较可以忍受浴室里面的温度与水蒸气。

香气袭人的野姜花，也很适合在浴室摆放，这样即使没有人工芳香剂，也可以让满室生香。

卧 室

很多风水师都会建议，卧室不适合放水族箱，最主要的原因应该是水族箱会让房间湿气比较重。有些水族箱需要用到二氧化碳钢瓶，还有的需要 24 小时开着灯，这些对睡眠都有一定程度的干扰，影响睡眠质量。

其实，只要选对水草与容器，卧室还是可以放水草的。像是目前很流行的生态球，因为它是自成一套完整的生态系统，光线不会太强，也没有噪音，不会影响睡眠，所以很适合放在卧室。

或者，你也可以选择瓶口较小的玻璃容器，里面养株小型水草，然后慢慢地看着它长大，这样也很有趣。

如果你还是想在卧室摆放水族箱，建议你选择小巧型的，这样还可以把水族箱中的照明灯当做小夜灯使用。

阳台、窗台

如果你喜欢的水草需要全日照或者半日照的环境，那么把它放在窗台或者阳台上最合适不过了。像是水芙蓉、槐叶萍这些漂浮性的水草，都是很好的选择。养在窗台或者阳台的水草，偶而可以和放在室内其他地方的水草交换一下位置，让室内的水草也有机会晒晒太阳，这样就可以永远保持翠绿的状态了。

有的人担心在阳台养水草，会养出一堆蚊子，可考虑在养水草的盆器里面养一条盖斑斗鱼，因为它会把蚊子的幼虫孑孓当成食物吃掉，这样就不会滋生蚊虫了。

另外，生态球也很适合放在阳台，在阳台的生态球不需再点灯，因为自然光已经可以提供充足的光线，让它维持生态平衡。

职场好心情

水草能吸收空气中有害的化学气体，过滤脏空气，还可以制造氧气，使室内空气洁净又舒爽。

工作压力是每个上班族都需要面对的，如果再身处于缺少绿意的水泥森林中，更会令背负着沉重压力的上班族喘不过气来，因此，有许多人开始把绿色植物往办公室里搬。不过，在办公室中种绿色盆栽，需要许多耐心和技术，如果没有“绿手指”，桌上的盆栽常会是枯死的命运，这样，心情搞不好会越来越沉重。我们不妨来试试养水草吧！

会客室

会客室对一个公司来说，等于是公司的门面，如果布置得很漂亮，一定会给来访的客人留下好印象，说不定，可以因此多一个客户，顺利达成交易。这样不是很棒吗？

放在会客室的水草，可以用插花的原理来呈现，选用多种不同品种的水草，随着季节更换，这样会客室会给人更多不同的感觉和变化。另外，运用小型的水族箱来造景，也可以营造独树一帜的品味喔！

办公室

放在办公桌的水草容器可大可小。如果你的桌子够大，可以选择一个中型的水族箱，用水草造景营造出山水画的样子，感觉很有气派，也非常有气质。

如果你的办公桌已经有很多东西，空间不多，那么，就可以考虑小型的玻璃缸，比如用幸福藻球和莫丝，再加上几条小鱼，让人感觉就很有朝气。小型盆栽也是不错的选择，像是铜钱草、黄金钱、绿金钱或是海洋之星，养护上都很简单，只要每星期将它们放在窗台晒一两天太阳，就可以长得很漂亮。

会议室

一般的会议室通常都会有张长长的会议桌，开会的时候如果在桌上放一点水草布置，可以稍微消除与会人员紧张的感觉。不过最好不要用太高的盆栽与水草来布置，免得挡住与会人员的视线，影响开会效率。

选择一个浅的盆器，用枯木与绑在石头上的莫丝，加上一点漂浮性的水草，比如浮萍或者满江红，就可以营造出日式庭园的禅意。这样开起会来，会议的火药味应该会少一点。

也可选择一个简单的盆器，里面种些黄金钱、绿金钱，讨个好彩头，让公司业绩蒸蒸日上，赚大钱！

赚钱好风水

开店做生意，最重要的当然就是赚钱了！很多的店老板都会听从风水师的建议，在财位上放个流动的水车前或是会转动的水晶球，当然，水族箱也是个不错的选择。

现在有很多的牙科、儿科会在候诊室里养鱼和养水草，以减轻候诊病人等待时的焦虑和不耐烦。这真是一个好方法，相信摇曳生姿的水草和悠游自在的鱼儿真的可以让人忘了时间，忘了担心！

如果你也有个店面，或者正打算要做个生意，那么不妨利用水草来让你生意兴隆、财源广进吧！

柜台、门面

当你想要购物，或者要选择用餐的地点时，第一个会影响你的，就是这个地方的门面。相信许多人都会以第一印象作为消费的判断。因此，门面与柜台的布置，对于做生意的人来说，真的是非常重要。

从风水的观点，入门 45° 角的位置通常是财位所在，如果可以在这个位置放个水族箱或养个水生植物盆栽，就可以达到招财的效果。

曾有一个餐厅老板，在他经营的餐厅门口放了一个水族箱，他说他的生意之所以会这么好，就是因为有了这个水族箱。有许多客人，都是被水族箱里的美丽水草吸引才走进来的。所以为了吸引更多客人上门，老板每天开门营业前，都一定要先整理水族箱，在把水族箱整理得很漂亮前，绝对不会开门营业！

餐 厅

很多餐厅都用假花来布置，这样给人的感觉有点廉价，但若要用新鲜的花材来布置，成本又很高。如果你的餐厅想要用最低的成本来营造高雅、有品味的气氛，那么，一定要试试用水生植物来当主角。

布置餐桌最方便的，就是运用漂浮性的水草，因为餐桌上得摆放食物或者饮料，布置餐桌时必须考虑不能占据太大的空间，这时候，可以用小型的容器放点漂浮性的水草，再点上一个浮水蜡烛，餐厅气氛就很浪漫了！

野姜花是多年生的挺水性植物，原名是穗花山柰，开花季节通常是春、夏两季。喜生于平野的水岸边，尤其是清净的活水中。花盛开的时候，空气中飘散着香气，雪白的花瓣随风飞舞，宛如清水溪边的花仙子，置身其中，真的就像在画中一样。

野姜花好看、好闻，也好喝、好吃。它的块茎有点像姜，其花瓣与嫩芽都是作为野菜材料的上选，可利用野姜花做出许多好吃的创意料理。

野姜花花瓣中含有丰富的挥发精油，将新鲜的花瓣清洗干净，直接加入清水煎煮成茶饮，一杯香气扑鼻的野姜花茶能助人抵御风寒。

第3章

好吃好喝的水草味

莲子、莲藕，你一定吃过；还有四神汤里的芡实，用的是睡莲科植物芡的成熟果实；至于插花常用的香蒲，只要撕开叶片，里面的嫩笋可以用来做料理；而尖瓣花的茎品尝起来就跟空心菜没有两样。还有大叶田香草，它的香气跟八角很像，可以用来调味。水草生活家教你如何利用水草入菜，做出好吃好喝的水草味料理！

野莲沙拉 2 人份

材料

野莲叶柄 150 克
市售沙拉酱适量

做法

1. 野莲叶片与根部挑掉，保留叶柄。
2. 将叶柄汆烫至颜色转深绿色后捞出。
3. 将汆烫过的叶柄放入冰水中冰镇。
4. 将冰镇过的叶柄切段（约 5 厘米）。
5. 将切好的野莲放进盘中，再挤上适量的沙拉酱即可。

品尝小语

野莲（龙骨瓣莕菜）叶片虽然也可以吃，不过叶片小且容易烂，所以只用叶柄做料理。叶柄汆烫时，只要颜色转深绿色就可以捞起来。如果想要有点日本料理的感觉，可以在盘底铺上切好的新鲜高丽菜丝，与野莲一起吃，口感也很不错。

水紫苏沙拉 2人份

材料

小番茄 200 克
白花紫苏草叶 20 克
紫苏梅 4 颗

做法

1. 将小番茄洗净、沥干、切丁。
2. 将白花紫苏草的叶洗净、沥干、剁碎。
3. 紫苏梅去核剁碎。
4. 将所有材料混合拌匀即可。

品尝小语

紫苏梅可以自己制作，或者在蜜饯店、大卖场与超市买现成的也可以。因为紫苏梅通常都有汤汁，所以不需要再加任何调味酱就有酸酸甜甜的味道。夏天天气太热，胃口不好时，这道水紫苏沙拉很清淡又可以引起食欲，不妨试试看。

大叶田香草橄榄油 2 人份

材料

大叶田香草（或白花紫苏草、水薄荷）约 30 克

橄榄油约 30 克

做法

1. 将大叶田香草的叶片与茎洗净，沥干至完全没有水分。
2. 把沥干的叶片与茎放入果汁机中打碎。
3. 以 1:1 的比例将大叶田香草汁与橄榄油混合均匀。
4. 放入玻璃容器中密封冷藏。

品尝小语

大叶田香草、白花紫苏草、水薄荷这几种香料水草都很适合用来制作成香味独特的橄榄油。不过要注意的是，这种自制橄榄油因为没有防腐剂，因此所有的材料一定要沥干，不能有一点水分，否则容易发霉。洗干净的茎与叶可以用厨房纸巾擦一下，放在通风的地方自然风干再打成汁。

做好的橄榄油最好装入瓶口较小的玻璃容器，减少接触空气的面积，而且要尽快吃完，没有吃完的一定要冷藏。

鱼腥草鸡汤 2人份

材料

新鲜（干）鱼腥草 50 克
鸡腿 1 只
米酒少许
盐少许
水 500 毫升

做法

1. 将鱼腥草洗净，加水熬煮约 30 分钟备用。
2. 鸡腿依个人喜好，可以用整只，或者剁成块，汆烫后放入锅内。
3. 将熬好的鱼腥草汁倒入锅内，加入少许米酒及盐调味，炖煮或者蒸约 40 分钟。

品尝小语

生的鱼腥草有很明显的腥味，很多人因此不敢尝试，其实煮过的鱼腥草一点臭味都没有，而且非常养生。如果真的很怕闻到腥味，可以买干燥的鱼腥草。用新鲜的鱼腥草熬出来的鸡汤比较浓，干鱼腥草煮出来的鸡汤则比较清澈。如果是自己种的新鲜鱼腥草，采下来后晒一两天再使用比较好。

忙碌的上班族，可以在闲暇时先炖煮一锅鱼腥草汤，等它凉了之后，依食用的人数用塑料袋分装成小包放在冷冻库，想要熬汤的时候拿出来解冻、加热，再放入汆烫过的鸡腿，可以节省许多时间。

石菖蒲鸡汤 2 人份

材料

石菖蒲茎 2 根
鸡腿 1 只
香菇 2 朵
红萝卜 3 片
枸杞 10 克
红枣 10 克

做法

1. 将石菖蒲茎洗干净备用（剪下根部以上约 10 厘米长度的部分）。
2. 香菇洗干净后与石菖蒲茎一起放入滚水中熬煮约 30 分钟。
3. 将鸡腿汆烫，去血水。
4. 将汆烫好的鸡腿与枸杞、红枣一起放入熬煮好的石菖蒲高汤中，再炖煮（或蒸）约 40 分钟即可。

品尝小语

石菖蒲鸡汤据说有让白发变黑的效果，不过若喝太多小心色素沉淀而长雀斑。

与鱼腥草鸡汤相同，这道料理可以在空闲时先熬煮汤汁，分成小包装放在冰箱冷冻，节省熬汤的时间。

鸡腿如果用蒸的，肉质会比较嫩。如果用炖煮的，注意不要用大火，这样可以避免汤汁变浊。

尖瓣花炒牛肉 2~4 人份

材料

尖瓣花 100 克
牛肉 100 克
豆瓣酱适量
蒜蓉少许
辣椒少许
姜丝少许
马铃薯淀粉适量

做法

1. 将尖瓣花去叶留梗，洗净，再切成约 5 厘米的小段。
2. 将牛肉切丝，加入酱油及淀粉后搅拌入味。
3. 将锅加热后放入少许沙拉油，将牛肉大火快炒至半熟后起锅。
4. 将蒜蓉、姜丝爆香，放入尖瓣花，炒到快熟时，再将牛肉与豆瓣酱一起放入快炒至熟即可。

品尝小语

许多人把田边的尖瓣花拿来做菜，不过却没有把叶片去掉，结果，炒出来的菜苦苦的。原因是尖瓣花虽然口感像空心菜，可是只有茎可以吃，叶子吃起来是苦的，所以怕苦的人千万不要把叶片也放进去煮。

不过尖瓣花的叶片夏天吃可以退火，不怕苦味的人，也许可以加一点试试看。

尖瓣花用来料理的茎最好选择较嫩的，辨识的方法是在挑菜时折来看看，清脆易折的就比较嫩，相反的则比较老，纤维多，吃起来口感较差。

尖瓣花分布西南、华南各省区，通常春、秋季在田边、沟边、湿地就可以采集到。

水车前鱼羹 1 人份

材料

水车前 80 克（约 1 片）
福寿鱼片（非洲鲫鱼）1 片
蛋 1 颗
蛤蜊 3 个
草虾 1 只
墨鱼 1/4 只
丁香鱼 5 克
红萝卜丝、香菇丝、笋丝少许
黑木耳、蟹丝少许
高汤 120 毫升

做法

1. 将蛋打散，与水 1：1 比例调匀，再加少许盐调味。
2. 将蛋汁过筛倒入盘中。
3. 蛤蜊洗净放入蛋汁中，用小火蒸约 10 分钟后取出备用。
4. 草虾汆烫去壳。鱼片切片后汆烫。
5. 将水车前洗净，切段（约 5 厘米）。
6. 太白粉加冷水调匀备用。
7. 高汤加热，放入红萝卜丝、香菇丝、笋丝、黑木耳、蟹丝、草虾、丁香鱼、墨鱼，汤滚后加盐调味。
8. 将水车前与拌匀的马铃薯淀粉水加入汤中。
9. 最后放入鱼片一起煮熟。
10. 将煮好的羹汤倒进放蒸蛋的盘中即可。

品尝小语

这道水车前鱼羹的做法分成两个部分，先做蒸蛋，然后做羹汤的部分。羹汤的材料可以依照自己的喜好选择新鲜的海鲜就可以了。

蒸蛋要记得把蛋汁过筛，筛孔越细蒸出来的口感越好。蒸蛋的时候，水滚之后要用小火蒸，这样蒸出来的蛋才会细腻。

蒲笋炒肉丝 2~4 人份

材料

香蒲嫩笋 200 克
猪肉丝 50 克
红萝卜丝少许
蒜蓉少许
辣椒适量
盐少许
酱油适量
马铃薯淀粉适量
香油少许

做法

1. 将香蒲笋叶撕开，取嫩茎洗净备用。
2. 猪肉丝用酱油、马铃薯淀粉与香油腌10 分钟。
3. 红萝卜丝、蒜蓉、辣椒爆香后，放入猪肉丝炒至八分熟。
4. 加入香蒲笋后大火快炒。
5. 加盐调味后起锅。

品尝小语

通常在河边或水边湿地都可以找到香蒲笋。香蒲笋要挑比较高大的，这样撕开叶片后里面才会有嫩笋！所以想要吃这道蒲笋炒肉丝，可得花一点功夫的！

刺芹鲜虾卷 1~2 人份

材料

刺芹 10 克
草虾 2 只
花生粉适量
无子蜜饯（化核应子）20 克
沙拉酱适量
春卷皮 1 片

做法

1. 刺芹洗净后剁碎。
2. 草虾煮熟去壳。
3. 无子蜜饯（化核应子）去核后剁碎。
4. 将刺芹、虾子、花生粉、无子蜜饯放在春卷皮上，加上适量的沙拉酱，然后用包春卷的方法包起来即可。

品尝小语

新鲜的刺芹除了根部以外，整株都可以吃。料理前需要先把有虫吃过的叶片挑掉，洗干净后尽量把水分沥干再剁碎。

春卷皮很怕潮，这道刺芹鲜虾卷做好后，一定要尽快吃，否则里面的材料容易出水，吃起来口感就不好了。

为了防止春卷皮散开来，可以在春卷皮的边缘涂抹一点沙拉酱，这样春卷皮就不容易散开了。

莲梗吻仔鱼 2~4 人份

材料

睡莲梗 200 克

丁香鱼 50 克

盐少许

做法

1. 将丁香鱼洗净后沥干。
2. 将莲梗撕去外皮，切成约 5 厘米的小段。
3. 将莲梗与丁香鱼下锅用大火快炒。
4. 加盐调味后起锅。

品尝小语

莲花可以远观，莲梗还可以吃。这里用的是睡莲梗，一定要去掉外皮才可以做料理，否则纤维太多，会不好吃。

这道菜的丁香鱼，可以用小鱼干代替，不过小鱼干需要咀嚼，若是要给老人与小孩吃，还是用入口即化的丁香鱼比较好。

田香猪脚 1~2 人份

材料

猪脚 600 克
大叶田香草 100 克
姜片 5 片
辣椒 2 根
葱 2 根
酱油 80 毫升
蚝油 40 毫升
糖 15 克

做法

1. 将猪脚切块后，汆烫沥干。
2. 将辣椒、葱切段。
3. 大火烧热油后，放入沥干的猪脚，稍微炸一下后捞起。
4. 将辣椒、葱段爆香，加入水、酱油、蚝油，再放入猪脚，加入大叶田香草、糖调味，熬煮 60 分钟。

品尝小语

大叶田香草是很好用的香料水草，香气跟八角很像，八角煮久了会变苦，可是大叶田香草却没有这个缺点，所以很适合用来做卤味或炖煮猪脚。

很多人都会觉得处理猪脚很麻烦，炖煮要花很多时间，如果先把猪脚汆烫过后再用油炸，不但可以减少炖煮的时间，猪脚吃起来也会比较脆。如果不想吃得太油，也可以将猪脚先炒过，等猪皮较紧实后再做料理。

如果想要完全去除猪肉的腥味，可以试试在卤猪脚的前一晚，先将猪脚放进锅中盛满水，放在厨房的水龙头下用水滴滴一整晚，这样隔天煮出来的猪脚就一点腥味也没有了。提醒你！是用水“滴”喔，就像水龙头没关紧时，隔几秒钟就会滴一滴水，那样的水量就够了！

莼菜卷 1~2 人份

材料

春卷皮 2 片
紫高丽菜 10 克
莼菜嫩芽 10 克
苜蓿芽适量
红萝卜丝少许
花生粉适量
沙拉酱适量

做法

1. 紫高丽菜切丝。
2. 莼菜嫩芽洗净，用餐巾纸沥干水分。
3. 将高丽菜丝、莼菜嫩芽、苜蓿芽、红萝卜丝一起放在春卷皮内，挤上沙拉酱后撒上花生粉，包起来即可。

品尝小语

莼菜适宜于清水池生长，浮生在水面或潜在水中，叶背有胶状透明物质，嫩叶可供食用，口感鲜美滑嫩。

春卷皮遇水就容易破，莼菜的嫩芽水分多，所以一定要沥干，否则春卷皮可是非常容易破的哟！

田香茶蛋 4~6 人份

材料

大叶田香草 50 克
姜 4 片
辣椒 2 根
葱 2 根
酱油适量
糖少许
红茶叶 20 克（或市售红茶包 2 包）
蛋 10 个

做法

1. 将大叶田香草洗干净。
2. 将辣椒、葱洗干净切段。
3. 蛋煮熟后，再用汤匙轻轻在蛋壳上敲出裂痕。
4. 锅内放入约 300 毫升的水，将大叶田香草、葱、姜、辣椒、酱油、糖、红茶放入锅中一起炖煮。
5. 汤汁颜色变深时，捞起茶叶。
6. 放进熟蛋，煮约 5 个小时。

品尝小语

这道田香茶蛋卤的时候，汤汁必须盖过蛋的高度才可以，所以水的量是参考值，请依照实际的需要增减。

不论用红茶叶或市售的红茶包都可以，也可以用其他茶叶，不过要记得茶叶不能久煮，不然容易有涩味。

田香玫瑰茶 1人份

材料

大叶田香草 10片
干燥的玫瑰花苞 6朵
水 350毫升

做法

将大叶田香草、玫瑰花苞放入壶中，以热开水闷 5 分钟即可。

品尝小语

除非是自己种的，否则在处理大叶田香草时一定要注意农药问题。大叶田香草很耐泡，一壶茶大概可以回冲三次之多，爱喝甜饮的人，也可以加冰糖。

莲花茶 1 人份

材料

干燥莲花 1 朵
水 350 毫升

做法

将莲花放入容量约 500 毫升的花茶壶中，倒入热开水闷 5 分钟即可。

品尝小语

莲花茶含有丰富的胶原蛋白，可以养颜美容。如果用新鲜的莲花来泡也可以，不过莲花上面很容易有小虫，比较不好处理。

好的莲花茶可回冲好几次，滋味都不变。喜欢甜味的人，喝的时候可以加点冰糖调味。

姜花蜜茶 1人份

材料

野姜花1朵
蜂蜜适量
水350毫升

做法

将野姜花洗干净后，放到热开水中闷10分钟，再加入蜂蜜调味，冰冻以后饮用滋味最好。

品尝小语

野姜花真的是香气十足，盛开的时候只要在屋里放一株，就不用芳香剂这些东西了。除了做成热饮，还可冰冻以后喝，香气更浓。如果想要多点花样，可以放入新鲜的水果丁，看起来就有鸡尾酒的效果，用来招待朋友，创意十足。

梦幻天使 1 人份

材料

天使花 4~5 朵

水薄荷叶 10 片

柠檬 1/6 颗

水 350 毫升

做法

将天使花与水薄荷叶一起放入壶中，倒入热开水闷约 10 分钟即可。

品尝小语

天使花作为茶饰，可增加茶汤的色泽。把柠檬汁滴入天使花茶中，原本紫色的茶汤就会变成粉红色。用这道饮料来招待朋友时，可以变魔术给他们看，相信大家一定会很佩服你！对了，喝的时候加点蜂蜜，味道会更棒喔！

鱼腥草茶 1人份

材料

干的鱼腥草 45 克
枸杞子 5 克
红枣数枚
冰糖适量
水 350 毫升

做法

将鱼腥草、枸杞子、红枣放进滚水中煮约 30 分钟即可。

品尝小语

日本人把鱼腥草叫做“十药”，只要听这名字就知道吃了它一定对身体有好处。根据日本人的说法，它可以降血压、改善便秘，对呼吸道也有保养的功效，“非典”流行的时候，鱼腥草可是非常热门的。

用新鲜的鱼腥草煮茶，喝起来会比较腥，建议怕腥的人可以到青草店买干燥的鱼腥草来煮。煮好之后，加一点冰糖，口感会更好。或者，也可以加一点水薄荷（大约 10 克），别有一番味道。

水薄荷冰沙 1人份

材料

水薄荷叶 10 克
蜂蜜 30 毫升
薄荷蜜 15 毫升
冰块 350 克
冷开水适量
红莓汁适量

做法

1. 将水薄荷叶洗干净。
2. 将水薄荷叶与蜂蜜、薄荷蜜、冰块等放入冰沙机，加入冷开水至 350 毫升左右打碎、搅拌。
3. 将冰沙倒入杯内，淋上红莓汁即可。

品尝小语

水薄荷的香气比一般薄荷淡，所以怕薄荷呛味的人，可以不用担心。因为水薄荷香气薄弱，所以添加了薄荷蜜，否则做成冰沙水分太多，味道会不够。薄荷蜜平常是调酒用的，只有少数大卖场或贩卖烘焙、料理材料的专卖店可以买到。

在冰沙机内加冷开水，主要是让冰块可以顺利打碎，所以当机器搅拌困难时，可以再加适量的冷开水让它可以顺利运转。

与水紫苏冰沙一样，红莓汁的主要作用是增色，所以也可以试试添加其他的果汁。

水紫苏冰沙 1 人份

材料

白花紫苏草的叶 10 克
紫苏梅半颗
番茄汁 30 毫升
红石榴汁 45 毫升
果糖 15 毫升
冰块 350 克
冷开水适量

做法

1. 将白花紫苏草的叶洗干净。
2. 将紫苏梅去核。
3. 将白花紫苏叶、紫苏梅与番茄汁、红石榴汁、果糖、冰块等一起放入冰沙机中，再加入冷开水至 350 毫升的刻度，打碎搅拌即可。

品尝小语

这道冰沙最好用专用冰沙机来制作，如果用果汁机，一定要确定是可以打碎冰块的机型。

水紫苏冰沙是白色的，可以用番茄汁与红石榴汁增色，分量可以随自己的喜好增减。也可以试试不同颜色的果汁，说不定滋味会更特别。

马蹄爽 1 人份

材料

荸荠冻 1 个（做法参考 P138）
冷开水 200 毫升
蜂蜜 30 毫升
冰块约 8 颗

做法

1. 荸荠果冻切成约 1 立方厘米的小丁。
2. 将荸荠果冻丁倒入杯中，加入冷开水、蜂蜜、冰块调匀即可。

品尝小语

马蹄爽在马来西亚是一种非常普通的饮料，荸荠果冻的口感加上甜甜的蜂蜜，非常有南洋风。

田香奶酪 4 人份

材料

大叶田香草的叶 15 克
果冻粉 12 克
水 100 克
鲜奶 400 克
奶酪粉 40 克

做法

1. 将鲜奶加热至锅周边开始有气泡（大约 80℃）后，加入奶酪粉拌匀。
2. 将其倒入果冻杯（或咖啡杯）中，约八分满。
3. 放进冰箱中，约 1 小时即可成形。
4. 将大叶田香草的叶片洗干净，放入果汁机中，加水打碎。
5. 将打碎的大叶田香草倒入锅中加热至沸腾，再倒入果冻粉拌匀。
6. 将拌好的大叶田香草果冻液倒入已成形的奶酪中，再放进冰箱冷藏即可。

品尝小语

制作田香奶酪必须分成两步骤制作，最好先做奶酪再做上层的田香，这样就只需要一个容器就可以完成了。

奶酪粉一般在烘焙专卖店可以买到，如果你找不到奶酪粉，可以用果冻粉取代，会有不同的口感。

荸荠冻 1人份

材料

去皮的荸荠 50 克
果冻粉 40 克
冷开水 90 毫升
水 270 毫升

做法

1. 将去皮的荸荠汆烫备用。
2. 将汆烫过的荸荠放入果汁机中，加入 90 毫升的冷开水打碎。
3. 将 270 毫升的水煮滚后加入果冻粉，再倒入打碎的荸荠一起搅拌均匀后，倒入果冻杯或咖啡杯中放凉，再放入冰箱冷藏。

品尝小语

荸荠脆脆的口感，常被拿来作为点心的材料，在菜市场就可买到去皮的荸荠；果冻杯则可以用家里的咖啡杯或花茶杯代替。

可以用新鲜果汁取代冷开水，与荸荠一起打碎，这样可以做出不同的口味。

水草松饼 1~2 人份

材料

水薄荷叶 20 ~ 30 片
松饼粉 6 茶匙
蛋黄 1 颗
牛奶约 100 毫升

做法

1. 将水薄荷叶洗干净沥干水分。
2. 将水薄荷叶、松饼粉、蛋黄、牛奶一起搅拌均匀，倒入松饼机中烤约 5 分钟即可。

品尝小语

水薄荷叶做的松饼，不加任何调味就非常好吃，也可以用其他香料水草，像是白花紫苏或者大叶田香草代替，会有不同的味道。

市面上卖的松饼机厚度不一，厚的松饼机做出来的松饼比较松软，薄的口感则像饼干。请依照自己的喜好，选择松饼机。

喜欢吃甜食的人，还可以在松饼上淋点巧克力酱或者蜂蜜、鲜奶油。

浮萍属于浮水性水生植物，根不固着于水底泥土，植株会随水漂移，所以常被文人拿来比喻流浪、居无定所的心情。对于农家来说，浮萍是非常有用的植物，在早期，许多人曾用它们来喂养鸭子；现在有许多茭白田里也会布满浮萍，因为浮萍可以让长在水面下的茭白接触比较少的阳光，让茭白变得特别白。

第4章

水草理想国

当你欣赏着法国印象派画家莫内知名的《睡莲》系列作品时，有没有想过，自己也可以置身在画中的美丽场景呢？

自从我开始与水生植物为伍之后，我觉得自己天天都生活在美丽的画中。因为水生植物变化万千，各有各的姿态，随着四季轮替，风情万种。

水草多变的美丽令人惊叹，水草对于人们的生活更是有多样化的贡献，它是我们的食物来源，也是装点居家的重要角色，最重要的是，它提供了我们更健康、更理想的生态环境。

水草小护士

许多水草看起来不起眼，却是非常有用的药材，以及天然的清洁、保养用品。现在流行“天然的尚好”，越来越多人回头去寻找老祖母时代的偏方或者“土”方法，而这其中有许多的素材就是来自于水生植物。

以下的水草“偏方”，其用法与用量是经由作者和周围亲朋好友的实验后，觉得效果真的很不错才整理出来的，仅提供参考。建议你使用前先向合格的医师取得正确的处方，这样才可以吃得安心、用得放心。

菖蒲／止痒

材料：菖蒲叶 500 克

用法：

1. 将菖蒲叶洗干净加入沸水煮约 20 分钟。
2. 倒入浴缸中，和洗澡水一起搅拌后泡澡。

水草小护士

菖蒲浴有止痒的功效，菖蒲干燥后的根茎与叶都可以入药，主要的功能是化痰、化湿、开胃。

《本草纲目》也有记载：“叶，洗疥、大风疮。”

半边莲／止血

材料：半边莲全株

用法：

采集新鲜半边莲，清洗干净后加以搓揉，再直接压在伤口上。

要提醒的是，这种方法只对小伤口的出血有效，大伤口还是要赶紧送医！

水草小护士

半边莲有止血、利尿、消肿、清热解毒的功效。

中医通常会以半边莲来治疗水肿或手脚浮肿，也有医生用它来治疗蛇虫咬伤，或者血吸虫病引起的腹水。

野姜花／帮助睡眠

材料：新鲜野姜花 2~3 朵（野姜花的味道很浓，可依个人喜好斟酌分量）

用法：

1. 将野姜花瓣洗干净。
2. 以热开水冲泡。
3. 加入冰糖或蜂蜜饮用。可热饮，放入冰箱冷藏后再喝，风味更佳。

水草小护士

野姜花的花朵可以治疗失眠，根茎则可以去风寒、治疗头痛及风湿筋骨疼痛。

穗花棋盘脚／天然清洁剂

材料：穗花旗盘脚果实

用法：

1. 将穗花棋盘脚果实敲开后取出种子。
2. 将种子去除表皮，加水后敲碎，搓揉起泡泡后使用。可以用来洗澡、洗衣服。

水草小护士

如果有机会在野外发现穗花棋盘脚的踪影，采摘果实时，请不要把全部果实摘光。野生的穗花棋盘脚目前已经越来越稀少，请一定要留下一些果实，让它能够继续繁衍下一代。

香蒲／止血

材料：蒲黄

用法：

将香蒲的花粉“蒲黄”收集起来，直接抹在刀伤或擦伤的伤口上就可以止血。

水草小护士

香蒲开花后的花粉又称“蒲黄”，是很好的止血剂。可以先将收集来的蒲黄放在锅里干炒，炒黑后止血效果更好。

满江红／驱蚊虫

材料：满江红

用法：

将满江红晒干，集中点火，即可驱除蚊虫。

水草小护士

在农业时代，许多农家都会将晒干后的满江红点燃，它的气味与烟雾让蚊虫不敢靠近，因此它是非常好用的天然蚊香。

大叶田香草／防蚊

材料：大叶田香草的叶片数片

用法：

把大叶田香草的叶片用双手搓揉出汁液，然后均匀涂抹在皮肤上。

水草小护士

大叶田香草的汁液对防止小黑蚊叮咬非常有效，如果要到树林或者水边湿地，最好事先涂抹，以免被叮。请尽量摘取嫩叶，叶片越鲜嫩，搓揉出的汁液越多，开花后的叶片通常都很难搓揉出汁液。

如果已经被小黑蚊叮咬，千万不要再用力涂抹，因为这样不仅没有效果，还会因为搓揉动作而让皮肤肿胀，之后甚至会灼热而破皮。

鱼腥草／美容面膜

材料：鱼腥草叶

用法：

1. 将新鲜的鱼腥草洗干净后，放入果汁机，加入少许清水打碎至泥状。
2. 用纱布过滤出汁液，加入少许面粉拌匀。
3. 再均匀地敷在市售的面膜布上，再敷在脸上约 15 分钟后洗净。

水草小护士

鱼腥草有治疗青春痘、湿疹以及各种化脓症的功效。

新鲜鱼腥草的气味比较不好闻，可以先把榨出来的鱼腥草汁用微波炉加热约 30 秒后再使用。如果没有微波炉，也可以用煤气炉加热，时间不要太长，也不要用大火，只要稍微加热至没有腥味就可以熄火，等它冷却后再使用。

建议你在敷脸前，先用少量的鱼腥草汁滴在纱布上，敷在手臂内侧约 30 分钟，确定没有过敏现象后再使用。

礼轻情意重

好东西，当然要和好朋友分享！

在这本书里，和大家分享了水草所有的优点与美丽。看完这本书后，希望你也能和你的亲朋好友一起分享水草的美好，让每一个人都能有机会生活在水草的理想国中。

当你想要对朋友表达关心、感谢，或者支持与鼓励时，不妨让水草做你的代言人，虽然大部分的水草价钱都不高，但是，经过你以爱和温暖的包装后，一定可以忠实地呈现出你对受礼者的心意。

幸福藻球

幸福藻球有个美丽的传说，在日本北海道的阿寒湖附近，有一个公主爱上了敌对村落的武士。两个人的恋情受到其他族人的强烈反对，于是他们相约投阿寒湖殉情，他们变成了藻球，如愿地结合在一起。传说拥有这种藻球的人，就可以拥有幸福，有情人终成眷属。

你有想要祝福的朋友吗？幸福藻球是为你传递幸福最好的使者！

幸福藻球的生长速度非常缓慢，从直径 1 厘米变成 5 厘米，大概需要 20 年的时间。由此可知，幸福是需要时间、耐心和爱心来经营的！

提醒你，幸福藻球必须在 28℃以下的环境里才可以生存，所以请避免将幸福藻球放在阳光直射的地方，夏天天气很热，可以把它放到冰箱里“避暑”。

铜钱草

水族界盛行多时的香菇草，因为它的外形，有一位聪明的老板为它取了一个“铜钱草”的吉祥名字，果然，让许多消费者对它另眼相看，成为园艺界的畅销品。

中国人喜欢“发财”，在朋友迁新居、开业、升官的好日子里，送“钱”绝对错不了，如果不想这么俗气，不妨考虑送盆可爱又喜气的铜钱草。

生态球

如果你要送礼的对象是个懒人，如果他没有“绿手指”，又或者他的工作繁忙，需要常常出差、旅行，那么，“生态球”一定是可以讨他欢心的礼物。因为生态球有一个自给自足的生态系统，不需要特别地照顾，也能维持它美丽的生态世界。

要提醒的是，在把生态球带回家的路上，请不要用手提袋或塑料袋提着，而要用双手捧着，因为生态球被放在袋子里提着走时，会产生大幅度的晃动。这些晃动对于生态球里的生物来说，可是相当于五六度以上的大地震。请想像自己在地震发生时的紧张与恐慌，温柔地对待你手中的生态球！

海洋之星

在电影《泰坦尼克号》中，有一颗美丽的“海洋之星”，而在水草世界里，也有一棵浪漫的“海洋之星”——虎耳。

虎耳在水族界原本就是非常受消费者喜爱的水草，有了“海洋之星”的别称后，更是成了当红的“明星”，非常受女性消费者的欢迎。

“海洋之星”的花就像海洋里的星星一样又多又美，它的花期又很长，春、夏、秋三季都会开美丽的紫色小花，非常适合送给心爱的他或她，情人节前夕，不妨到花市走一趟吧！

迷你水族箱

早期的水族箱，清一色是方方正正的玻璃缸，完全没有造型及设计感可言，而且又大又重，非常不方便。但是近几年来，有许多精巧可爱的迷你水族箱开始流行，如果再搭配上美丽的水草，一定可以让人目不转睛地惊叹你的创意。

附录 1：水草家族一览表

水草名称	俗名	家族	生命周期	适合栽种季节	繁殖方法	适合生长温度	适合栽种地点	赏花期	实用价值
槐叶萍	蜈蚣萍	漂浮性	一年或多年生	全年	无性繁殖	15～26℃	阳台、户外	无	观赏、肥料
大萍	水芙蓉	漂浮性	一年或多年生	全年	种子、茎的无性繁殖	22～25℃	阳台、户外	全年	观赏、肥料
满江红	羽叶满江红	漂浮性	多年生	全年	无性繁殖	22～28℃	阳台、户外	无	观赏、防蚊
白花紫苏草	三角叶	挺水性	多年生	春、夏	扦插、种子	22～28℃	阳台、户外	全年	观赏、食用
大叶田香草	糕仔料草	挺水性	多年生	春、夏	扦插、种子	——	阳台、户外	全年	观赏、药用、食用
水薄荷	薄荷草	挺水性	多年生	全年	扦插	22～28℃	阳台、户外	全年	观赏、食用
香蒲	水蜡烛	挺水性	多年生	春、夏	扦插、种子	15～26℃	户外	夏	观赏、药用、食用、编织
鱼腥草	臭瘥草	挺水性	多年生	全年	扦插	15～26℃	户外	夏	观赏、食用、药用、美容
尖瓣花	水金凰	挺水性	一年生	全年	扦插、种子	15～26℃	户外	全年	观赏、食用
台湾萍蓬草	水莲花	浮水性	多年生	全年	扦插、种子	12～28℃	户外	全年	观赏、教学、药用
香菇草	铜钱草	挺水性，亦可沉水	多年生	全年	分株	15～25℃	——	夏、冬	观赏
莼菜	马蹄菜	浮水性	多年生	春	分株	20～28℃	户外	春	观赏、食用、美容
田字草	四叶草	挺水性	多年生	全年	分株	15～25℃	户外、阳台	无	观赏、食用
小对叶	过长沙	挺水性，亦可沉水	多年生	全年	扦插	22～28℃	户外、阳台	全年	观赏、药用
虎耳	海洋之星	挺水性，亦可沉水	多年生	全年	扦插	22～28℃	户外或水族箱	春、夏、秋	观赏
异叶水蓑衣	水罗兰	挺水性，亦可沉水	多年生	全年	扦插	22～30℃	户外或水族箱	秋、冬	观赏
大红叶	——	挺水性，亦可沉水	一年生	全年	扦插	20～30℃	户外或水族箱	冬	观赏
水蕨	小水芹	挺水性，亦可沉水	一年生	春、夏	孢子无性繁殖	24～28℃	浴室	无	观赏、食用
小水榕	小榕	挺水性，亦可沉水	多年生	全年	以根茎侧枝繁殖	22～28℃	浴室	全年	观赏

水草名称	俗名	家族	生命周期	适合栽种季节	繁殖方法	适合生长温度	适合栽种地点	赏花期	实用价值
莫丝	墨石	沉水性	多年生	全年	孢子无性繁殖	22～28℃	水族箱	无	观赏
女王草	女王草	挺水性，亦可沉水	一年生	春、夏	种子、分株	22～28℃	户外、水族箱或阳台	夏、秋	观赏
中柳	——	挺水性，亦可沉水	多年生	全年	扦插	20～26℃	阳台、水族箱	无	观赏
绿菊花	绿菊花草	沉水性	多年生	全年	扦插	18～26℃	水族箱	夏、秋	观赏
大宝塔	——	挺水性，亦可沉水	多年生	全年	扦插	24～26℃	户外、水族箱	秋、冬	观赏
三叉叶星蕨	铁皇冠	挺水性，亦可沉水	多年生	全年	孢子	18～23℃	水族箱	无	观赏
水车前	龙舌草	沉水性	一年或多年生	全年	种子	18～28℃	水族箱	春、秋	观赏、食用
黄金钱	——	沉水性	多年生	全年	扦插	18～30℃	水族箱、户外	春、秋	观赏
龙骨瓣莕菜	大香菇	浮水性	多年生	全年	扦插	15～25℃	水族箱、户外	春、秋	观赏、食用
印度莕菜	澳洲香蕉	浮水性	多年生	全年	——	20～30℃	水族箱、户外	春、秋	观赏
鹿角苔	叉钱苔	沉水性	多年生	全年	无性繁殖	15～30℃	水族箱	无	观赏
红柳	——	挺水性，亦可沉水	一年生	春、夏	扦插、种子	22～25℃	水族箱、户外	秋、冬	观赏
矮珍珠	——	沉水性	多年生	全年	分株	22～27℃	水族箱	全年	观赏
网草	——	沉水性	多年生	春、秋、冬	种子	20～22℃	水族箱	无	观赏
日本珍珠草	——	沉水性	多年生	全年	扦插	16～26℃	水族箱	无	观赏
莲花	莲	浮水性	多年生	春、夏	种子、分株		水族箱、户外	夏	观赏、食用
野姜花	——	挺水性	多年生	春、夏	种子、分株	——	户外	秋	观赏、食用、药用
浮萍	——	漂浮性	多年生	全年	无性繁殖	15～25℃	户外	夏	观赏、肥料、鸭饲料
黄花莕菜	莕菜	浮水性	多年生	春、夏	种子、分株	——	户外	夏、秋	观赏
天胡荽	遍地锦	挺水性，亦可沉水	多年生	全年	分株	20～28℃	水族箱、户外	夏、秋	观赏、药用
穗花棋盘脚	——	挺水性	多年生	全年	扦插、种子	12～30℃	户外	夏、秋	观赏、药用
半边莲	半边莲	挺水性	一年生	全年	扦插	12～30℃	水族箱、户外	夏、秋	观赏、药用
幸福藻球	幸福藻球	沉水性	多年生	全年	无性繁殖	5～25℃	水族箱	无	观赏

附录 2：名词解释

全日照 / 半日照

一般植物生长都需要阳光进行光合作用，有的植物需要比较长的日照时间，有的则比较短。全日照指的是植物每天接受光照必须超过 6 小时以上，且最好种在户外，才会长得好。而半日照指的是植物每天至少需要接受 3 小时的光照时间才能正常成长，且最好种在户外有遮阴的地方。

一年生

一年生植物是指生命周期只有一个生长季的植物，它们会在一年或一个生长季节内完成种子萌发、生长、开花、结果，以及自然死亡的生活史。

多年生

多年生植物是指其植株寿命至少可长达两年以上的植物，它们可以重复开花、结果的过程，年复一年地不断生长发育。

草本植物

草本植物的茎部水分多、木质化程度低，木质化细胞少，茎枝呈现常绿而且柔软的状态。

挺水性植物

挺水性水生植物的根生在水底，叶片却伸出水面，花开在水面上。

浮水性植物

浮水性水生植物的根固定在水底，叶子却浮在水面上。

沉水性植物

沉水性水生植物的植物体一定是完全沉在水里的，一旦脱离了水面，就会因为缺水而枯萎。

漂浮性植物

植株本身发展出无根的状态，不会固定在水底，而会随波漂浮。

对生叶 / 轮生叶

植物的叶子在生长时，是有一定的排列顺序的，对生叶的叶子是两叶相互对生，一起长在茎部的节上；轮生叶则是三片，或三片以上的叶片，以轮状方式，围绕着茎节生长。

丛生

叶片排列呈密集的生长状态。

丛生叶

短枝，茎上有两枚至多枚的叶密集互生着。

卵形叶

叶片基部较宽，形状像蛋的纵切面。

肾形叶

叶片的尖端宽圆，基部微微内凹，像肾脏的形状左右对称。

节距

叶与芽生出的地方叫做节，茎的两节间距离称为节距。

侧枝

生长于植物茎的主枝之外的枝称为侧枝。

匍匐根茎

一般植物的茎是向上生长，匍匐根茎却是横走在地上的茎，可以在节上生根，在与原本的根茎分离后，还是可以独立生长。

地下茎

它是茎的变形，长在地下，与地下根的差别是，地下茎有节，每一节上会长芽，芽会生长并且形成枝条分支。

孢子

有些植物是单细胞的生殖体，在生物体成熟之后，就可以产生一种细胞，它们不需要和其他细胞结合就可以直接形成新个体，这种细胞就叫孢子。部分水草叶片背面会有孢子囊，将里面的孢子直接种植，可长成新个体而繁殖。

不定芽

在茎或根的断口上长出的芽。

花序

花朵在枝条上排列的方式并非胡乱生长，而是有一定的次序与规则，这种着生方式就是花序。

无性繁殖（营养繁殖）

用植物的根、茎、叶及花梗的芽体，或组织的一部分、一片或一群已分化及未分化的细胞而使它形成新个体。

分株

植物成长之后，在根的附近会长出新生幼苗，当这些幼苗已经长成根、茎、叶时，就可切开幼苗与原植物体分离，重新栽种繁殖，这个过程就是分株。

扦插

把植物的根、茎、叶等部分剪下，插入土壤或砂石中，它可以生根变成一株新的植物。扦插时通常是选择最容易长根的部位，因此有根插、枝插、叶插、叶芽插等不同方式。

光合作用

植物的叶片内有叶绿体，叶绿体中有叶绿素和酵素。叶绿素能吸收太阳光能，在酵素的帮助下，二氧化碳和从植物根部吸收的水分可以合成葡萄糖，并且释放出氧气，这种反应过程为光合作用。

有机肥

它指含有机物质，能提供植物多种无机养分和有机养分的肥料。通常必须依赖土壤中的微生物分解后，才能被植物吸收，可用厨余垃圾、动物粪便等制成。

基肥

在种植物前，先将肥料与土壤混合，作为植物生长基础的养分，就是基肥。将肥料和土壤搅拌均匀后，就可以将植株定植于土壤中。

锭肥

锭肥是针对植物生长的补充肥料，埋入基肥中可补充养分，在基肥不足时可以适量使用。

液肥

液肥是液态肥料，也是水草缸的补充性肥料，视水草的不同需要添加。

铁肥

一般红色水草大多需要增加铁肥，颜色才会比较好看。铁肥有固态与液态两种，有根的水草适合用固态铁肥，效果较佳，也有研究显示铁肥可帮助植物吸收二氧化碳进行光合作用。

微量元素

这指的是矿物质，如钙、铁、锰、铝、锌等水草生长所需的元素。

后记——和水草共创未来

大自然原本是许多野生水草的天堂，但是，随着自然环境的变化与人为破坏，有许多美丽的水草已在大自然中消失。

近几年来，水生植物终于渐渐吸引人们的关心与注意，有许多组织和单位开始重视水生植物的未来，致力于野生水草的恢复及保护工作。因为人们开始知道，水草对于人类的价值，不只是食用、药用和观赏，最重要的还是它对于环境生态的维护具有举足轻重的价值。就像布袋莲、大萍（水芙蓉）等水生植物，在善加利用后，就是环保的尖兵。因为它们可以有效地吸收水中的重金属，改善水质，因此非常适合用来处理工业区的污水问题。

最近宜兰县与仰山文教基金会正积极推广水生植物生态池的计划，鼓励一般民众在住家周围建构一个生态池，利用生态池内的水草处理家中排出的污水，不但可以改善水质，也可以改善居住的环境。

事实上，生态池的观念是自古以来就有的。比如台湾省很多的三合院前，都有半月池的设计，里面除了养鸭、养鱼外，还种了很多水生植物。这些半月池的设计，除了风水的考量外，通常还有涵养水源、防火的功能。宜兰县陈氏家庙前面的鉴湖堂就是一个例子，因为它的水草种类很多，现在甚至还增加了观光与教育的功能。

台湾省宜兰县尚德社区附近的民宿，近年来也开始利用生态池来改变民宿周围的景观，因为尚德有得天独厚的涌泉，所以生态池里的水生植物，都欣欣向荣，依着季节的变化展现不同的风貌，吸引更多游客前来驻足。

长久以来，水生植物一直陪伴在人类生活的周边，为人类贡献它们所能付出的全部价值。诚挚地希望这本书，可以为你开启水草世界的大门，让你通过水草的美丽，看到我们生活周围这些值得珍藏、保护的自然资源。

图书在版编目（CIP）数据

水草生活家 / 徐志雄著．—福州：福建科学技术出版社，2017.2
ISBN 978-7-5335-5189-6

Ⅰ．①水… Ⅱ．①徐… Ⅲ．①水生维管束植物－观赏园艺 Ⅳ．① S682.32

中国版本图书馆 CIP 数据核字（2017）第 024187 号

书　　名	水草生活家
著　　者	徐志雄
出版发行	海峡出版发行集团 福建科学技术出版社
社　　址	福州市东水路76号（邮编350001）
网　　址	www.fjstp.com
经　　销	福建新华发行（集团）有限责任公司
印　　刷	福建彩色印刷有限公司
开　　本	700毫米×1000毫米　1/16
印　　张	10
图　　文	160码
版　　次	2017年2月第1版
印　　次	2017年2月第1次印刷
书　　号	ISBN 978-7-5335-5189-6
定　　价	39.80元

书中如有印装质量问题，可直接向本社调换